BEI GRIN MACHT SICH IHR WISSEN BEZAHLT

- Wir veröffentlichen Ihre Hausarbeit,
  Bachelor- und Masterarbeit

- Ihr eigenes eBook und Buch -
  weltweit in allen wichtigen Shops

- Verdienen Sie an jedem Verkauf

Jetzt bei www.GRIN.com hochladen und kostenlos publizieren

Stefan Mathias Pomberger

Finanzmathematik - Die Berechnung des fairen europäischen Call- und Put-Preises anhand des Black-Scholes-Merton-Modells

GRIN Verlag

Bibliografische Information der Deutschen Nationalbibliothek:

Die Deutsche Bibliothek verzeichnet diese Publikation in der Deutschen National-
bibliografie; detaillierte bibliografische Daten sind im Internet über http://dnb.d-
nb.de/ abrufbar.

Impressum:

Copyright © 2008 GRIN Verlag GmbH
Druck und Bindung: Books on Demand GmbH, Norderstedt Germany
ISBN: 978-3-640-30371-7

Dieses Buch bei GRIN:

http://www.grin.com/de/e-book/124734/finanzmathematik-die-berechnung-des-
fairen-europaeischen-call-und-put-preises

GRIN - Your knowledge has value

Der GRIN Verlag publiziert seit 1998 wissenschaftliche Arbeiten von Studenten, Hochschullehrern und anderen Akademikern als eBook und gedrucktes Buch. Die Verlagswebsite www.grin.com ist die ideale Plattform zur Veröffentlichung von Hausarbeiten, Abschlussarbeiten, wissenschaftlichen Aufsätzen, Dissertationen und Fachbüchern.

Besuchen Sie uns im Internet:

http://www.grin.com/

http://www.facebook.com/grincom

http://www.twitter.com/grin_com

FINANZMATHEMATIK

Die Berechnung des fairen europäischen Call– und Put–Preises anhand des Black–Scholes–Merton–Modells

Stefan Mathias Pomberger

Fachbuch Mathematik
Bad Ischl, im Februar 2008

Vorwort

Ob Bulle oder Bär – Ihr Geld wird mehr! [*]

Ein Slogan, der oftmals von Banken, Hedgefonds–Managern, Finanzberatern, Brokern und diversen anderen Finanzfachleuten in der Werbung gebraucht wird, doch es stellt sich die Frage, ob dieser Spruch wirklich zutreffend sei.

Selbstverständlich könnte man behaupten, dass bei einer risikolosen Anlage das Geld, mit einem bestimmten Zinssatz verzinst, immer mehr wird, aber der Spruch bezieht sich nicht etwa auf ein Sparbuch, sondern auf das „Börsengeschehen".

Der „primitive Anleger" würde argumentieren, er werde bei seiner gekauften Aktie nur dann profitieren, wenn der „Bulle los sei", falls also der Aktienkurs im Betrachtungs–zeitraum steige. Diese Annahme ist allzu trivial! Warum sind dermaßen viele Leute in dem Bereich tätig – um eine einzige Variante zu untersuchen?

Ich wende mich daher den Derivaten zu, unter anderem zählen zu diesen Optionen, um die es in meinem Fachbuch geht. Es gibt zwei grundsätzliche Arten von Optionen, eine Kaufoption (Call) und eine Verkaufsoption (Put). Mit Hilfe eines Calls und eines Puts (abhängig von der Position, d.h. ob Käufer oder Verkäufer) ist man nun in der Lage unzählige Strategien zu konstruieren, die sich bestimmte Verläufe von einem Aktienkurs erhoffen (Aktienpreis fällt, bleibt gleich, steigt, schwankt etc.). Durch Optionen kann man innerhalb kurzer Zeit viel Geld erwirtschaften – vollkommen egal, welches „Tier" die Börse dominiert, unter der Voraussetzung, dass man auf die richtige Option gesetzt hat – beispielsweise ist es (mehr oder weniger leicht) möglich aus einem anfänglichen Kapital von 2500 € innerhalb eines Jahres 23750 € Gewinn zu realisieren. Wie das funktioniert, werde ich mitunter zeigen.

Ein derart ertragreiches Finanzinstrument bekommt man leider nicht geschenkt. Für den Erwerb eines Calls oder eines Puts bezahlt man eine Prämie. Das Ziel meiner Arbeit ist die faire Berechnung dieses Optionspreises anhand des Black–Scholes–Merton–Modells.

Zuerst ist es aber notwendig grundlegende Begriffe zu wissen, die wichtigsten Auszahlungs– und Gewinnprofile zu kennen, Eigenschaften von Aktienoptionen zu untersuchen und mathematische Grundlagen des Modells (Wiener–Prozesse, Itôs Lemma, geometrische Brownsche Bewegung, …) zu verstehen. Nach dem Hauptkapitel „Black–Scholes–Merton–Modell" möchte ich eine Sensitivitätsanalyse ausarbeiten und anschließend eine Strategie anhand einer österreichischen Aktiengesellschaft mit meinen konstruierten Programmen in Mathematica und Excel zeigen. Abschließend ist es mir ein Anliegen Kritikpunkte des Modells darzulegen und auch die große Verlustgefahr bei einem Derivatgeschäft aufzuzeigen. Für Verluste gibt es nahezu immer aktuelle Fälle (derzeit die „Causa BAWAG" und die „Causa Société Générale"). Ich weise außerdem auf meinen Anhang hin, der über das Thema hinausreichende Analysen enthält.

Zum Schluss soll jeder individuell urteilen, ob der Slogan „Ob Bulle oder Bär – Ihr Geld wird mehr" bloß ein schwachsinniger Werbespruch ist oder doch im Hinblick auf ein Derivatgeschäft einen wahren Kern besitzt.

Ich setze grundlegende mathematische Kenntnisse voraus und werde jene nicht eigens erläutern (Wahrscheinlichkeits-, Infinitesimalrechnung, …).

Warum entschloss ich mich zum Schreiben dieser Arbeit und weshalb entschied ich mich für dieses Thema? Ersteres lässt sich rasch beantworten: Die Mathematik ist schon seit langer

---

[*] Bulle steht an der Börse für steigende Kurse, während der Bär fallende Kurse repräsentiert.

Zeit eine meiner ganz großen Leidenschaften. Mit einem Mathematikbuch irgendwo und irgendwann zu sitzen und dieses genauestens zu studieren, oft bis in die frühen Morgenstunden, wenn ich nach einer aufwendigen Herleitung mit vollständigem Beweis nicht einschlafen kann, zählt für mich zu den schönsten Dingen im Leben. Nun kam mir die Idee in den Sinn etwas zu Papier zu bringen, das es vielleicht auch schafft einen interessierten Leser bis in die frühen Morgenstunden zu fesseln.

Folgende Tätigkeit war für die Themenwahl maßgeblich: Ich absolvierte im Juli 2007 ein Praktikum als „Trainee" bei der Deutschen Bank in Zürich am „Trading Floor". Die Schlagworte Hektik, Nervosität, aber vor allem Präzision beziehungsweise Perfektion beschreiben annährend die dortige Atmosphäre am „Desk". Ich bin sehr stolz behaupten zu dürfen, dass ich mit meinen jungen Jahren Derivatgeschäfte schon hautnah in der Praxis erlebt habe. Zu verdanken habe ich dies den Finanzspezialisten Karim Shakarchi und Klemens Karner, die mir mit zahlreichen Erläuterungen stets zur Seite standen.

Ganz herzlich bedanken möchte ich mich außerdem bei meinem Betreuer Hans Stummer, der mich zu jeder Tages– und Nachtzeit mit Anregungen und Ratschlägen unterstützte und bei meinem ehemaligen Deutschprofessor Friedrich Gaigg, der mich bei Einzelheiten zur sprachlichen Gestaltung beriet.

Bad Goisern, im Februar 2008   Stefan M. Pomberger

Inhaltsverzeichnis

1. Einführung

Über nachfolgende Themen sollte man nach Vorstellung des einleitenden Kapitels einen Überblick gewonnen haben:

→ Verständnis für den Handel an der Börse (bezogen auf die Derivatbörse) und für den Over–the–Counter–Handel
→ Grundkenntnisse über Optionen
→ Kurze Darstellung von Forwards und Futures
→ Verschiedene Händlertypen

1.1. Thema

Wie man bereits dem Vorwort entnimmt, geht es in meinem Fachbuch um Derivate.
Definition (1): „Ein Derivat kann definiert werden als Finanzinstrument, dessen Wert von den Werten anderer grundlegender Variablen abhängt (d.h. aus ihnen abgeleitet wird)." [1]
Die Underlyings (= die zugrunde liegenden Variablen) können dabei Aktien, Wechselkurse, Indizes, Schweinebäuche, Orangensäfte, Gold etc. sein. Derivatkontrakte sind als „Lieferverträge" zu interpretieren, die sich auf die Underlyings beziehen, die aber auch an weitere Bedingungen geknüpft sein dürfen. [2]

Alle wichtigen Varianten nun vorzustellen würde den Rahmen dieser Arbeit bei weitem sprengen, deshalb bin ich gezwungen meine Arbeit auf einzelne wichtige Themen einzuschränken. Zum Leidwesen aller Orangensäfte–Genießer werde ich als Underlying wegen der gewaltigen Popularität nur Aktien in Betrachtung ziehen und mich bei den „Lieferverträgen" auf Optionen spezialisieren. Dennoch ist es mir ein Anliegen Forwards und Futures kurz vorzustellen, da anhand von ihnen interessante Relationen hergestellt werden können.

1.2. Börsenhandel und Over–the–Counter–Handel [3]

Definition (2): Eine Börse ist ein organisierter Markt, zum Zweck der zeitlichen, örtlichen und auch bereits virtuellen Konzentration des Handels (hervorgerufen durch Angebot und Nachfrage), für Wertpapiere, Devisen, bestimmte Waren oder ihre Derivate. [4]

---

[1] Hull, John C.: Optionen, Futures und andere Derivate. Wirtschaft, München: Pearson Studium [6]2006, S. 24.

[2] siehe: Fulmek, Markus: Seminar Finanzmathematik. Bewertung derivativer Finanzinstrumente, online im Internet: URL: http://www.mat.univie.ac.at/~mfulmek/documents/ss03/skriptum2003.pdf [Stand: 2007-09-11, 23:00], Wien: 2003, S. 31.

[3] vergleiche: Hull, John C.: Optionen, Futures und andere Derivate. a.a.O., S. 25.

[4] vergleiche folgende Werke:
Wikipedia: Börse, OTC-Handel, online im Internet: URL: http://de.wikipedia.org/wiki/B%C3%B6rse, http://de.wikipedia.org/wiki/Over-the-counter [Stand: 2007-09-18, 18:15].
BWCLUB: Börse, online im Internet: URL: http://www.bwclub.de/lexikon/b/boerse.htm [Stand: 2007-09-18, 18:00].

„Eine Derivatbörse ist ein Marktplatz, auf dem Marktteilnehmer standardisierte Kontrakte handeln, deren Bedingungen die jeweilige Börse bestimmt." [5]

Während festgelegter Handelszeiten werden an der Börse laufend Kurse fixiert, die sich aus den bei den Börsenmaklern vorliegenden Kauf– und Verkaufsaufträgen (Orders) ergeben. Durch die zeitliche und örtliche (virtuelle) Konzentration des Handels von fungiblen Gütern unter beaufsichtigter Preisbildung erreicht man eine Steigerung der Effizienz und der Marktliquidität, gesteigerte Transparenz, eine Verringerung der Transaktionskosten und einen notwendigen Schutz vor Manipulationen. Die Kontrolle haben Handelsüberwachungsstellen der jeweiligen Börse inne (Compliance).

Das Pendant zum Börsenhandel ist der Over–the–Counter–Handel (OTC–Handel). Man beachte, dass dies kein potentieller Schwarzmarkt ist, sondern ein außerbörslicher Handel direkt zwischen den Intermediären, die finanzielle Transaktionen tätigen, welche nicht über die Börse abgewickelt werden. Die Händler treffen einander nicht persönlich, sie sind per Computer und Telefon in einem gemeinsamen Netzwerk verbunden. Der OTC–Handel ist zweifelsohne eine bedeutende Alternative zum Handel an der Börse und weist mittlerweile ein größeres Handelsvolumen auf als der börsennotierte Handel.

Diverse Geschäfte werden in der Regel zwischen zwei Finanzinstituten oder zwischen einem Finanzinstitut und einem seiner Firmenkunden abgeschlossen. Oftmals treten Finanzinstitute als „Market Maker" für häufig verkaufte bzw. gekaufte Papiere auf. Das bedeutet, dass sie immer bereit sind einerseits ein Kaufangebot (Bid–Preis: Preis, zu dem das Finanzinstitut zu kaufen bereit ist), andererseits ein Verkaufsangebot (Offer–Preis: Preis, zu dem das Finanzinstitut verkaufen will) zu stellen.

Der Vorteil des OTC–Handels ist offensichtlich: Man kann mit dem Counterpart (der Gegenpartei bzw. dem Gegenüber) verschiedenste Kontraktbedingungen vereinbaren, die an der Börse nicht gehandelt werden. So stehen beispielsweise am Derivatmarkt der Börse ausschließlich standardisierte Positionen zum Handel zur Verfügung. Dem OTC–Markt steht jedoch als Nachteil ein Kreditrisiko entgegen, d. h. es besteht durchaus eine Wahrscheinlichkeit, dass ein Kontrakt von einer Seite nicht erfüllt werden kann. Dieses Risiko ist an der Börse aufgrund eines Margin (Einschuss)–Kontos erheblich geringer.

1.3. Optionen [6]

Wie ich bereits im Vorwort erwähnte, gibt es zwei Arten von Optionen, nämlich die Kaufoption (Call) und die Verkaufsoption (Put). Bevor ich diese definiere gilt es festzuhalten, dass man zwischen europäischen (European Way) und amerikanischen (American Way) Optionen differenziert. Der Unterschied beruht nicht auf geographischen Gegebenheiten, sondern hängt mit dem im Kontrakt festgelegten Verfalldatum zusammen. Eine amerikanische Option kann bis zum Verfalldatum jederzeit ausgeübt werden, eine

---

[5] Hull, John C.: Optionen, Futures und andere Derivate. a.a.O., S. 24.

[6] vergleiche folgende Werke:

Irle, Albrecht: Finanzmathematik. Die Bewertung von Derivaten, Wiesbaden: Teubner ²2003, S. 10 f.

Hull, John C.: Optionen, Futures und andere Derivate. a.a.O., S. 228 ff.

Kremer, Jürgen: Einführung in die Diskrete Finanzmathematik. Heidelberg: Springer 2006, S. 8 f.

Zimmermann, Heinz: Preisbildung und Risikoanalyse von Aktienoptionen. Schweizerisches Institut für Außenwirtschafts-, Struktur- und Regionalforschung an der Hochschule St. Gallen, Grüsch: Rüegger 1988, S. 27.

europäische Option nur am Verfalltag selbst. Der guten Ordnung halber sei die Variante exotische Option erwähnt, die mehrere Ausübungszeitpunkte besitzt oder sonstige Zusatzparameter wie zum Beispiel Barrieren hat.

In meiner Abhandlung werde ich nur mehr von europäischen Optionen sprechen, weil das Black–Scholes–Merton–Modell ausschließlich zur Berechnung des europäischen Call– und Put–Preises herangezogen werden kann. Freilich wäre es auch interessant amerikanische Optionen zu analysieren, aber es würde den Rahmen dieser Arbeit sprengen auch noch das Binomialmodell oder andere Methoden vorzustellen. Das Problem zum Kalkulieren amerikanischer Optionen liegt eigentlich „bloß" in der Dividendenzahlung (Dividende: Barauszahlung an den Inhaber einer Aktie). Die vorzeitige Ausübung vor dem Verfalltag eines American Way Calls auf eine dividendenlose Aktie ist nie optimal, da man das benötigte Geld zum Kauf der Aktie zum Basispreis während der Restlaufzeit noch zum risikolosen Zinssatz anlegen kann. Deshalb ist ein American Call auf eine dividendenlose Aktie wie ein European Call zu behandeln und anhand des Black–Scholes–Merton–Modells zu berechnen. Dies funktioniert jedoch bei einem American Call auf eine Aktie mit Dividendenausschüttung(en) logischerweise nicht. Dasselbe Argument verwendet man bei einem American Put auf eine dividendenlose Aktie, bei dem eine vorzeitige Realisation sinnvoll ist (das Modell ist für diese Variante unbrauchbar), für einen American Put auf eine Aktie mit Dividende ist es schlau die Option nicht vorzeitig auszuüben (das Modell kann angewendet werden). Nun bedarf es aber zweier Definitionen.

Definition (3): Eine Kaufoption (Call) gibt ihrem Besitzer das Recht, das Underlying zu einem in der Zukunft liegenden Zeitpunkt, dem Fälligkeitszeitpunkt, zu einem heute schon vereinbarten Kurs, dem Ausübungspreis, zu kaufen. [7]
Definition (4): Eine Verkaufsoption (Put) gibt ihrem Besitzer das Recht, das Underlying zu einem in der Zukunft liegenden Zeitpunkt, dem Fälligkeitszeitpunkt, zu einem heute schon vereinbarten Kurs, dem Ausübungspreis, zu verkaufen. [7]

Üblicherweise werden auch die Begriffe Basispreis bzw. Strike–Preis anstatt Ausübungspreis gebraucht. Bei börsengehandelten Aktienoptionen stellt ein Kontrakt in der Regel die Vereinbarung dar 10, 50 oder 100 Anteile zu kaufen beziehungsweise zu verkaufen, dies je nach Usance der Börse.

Positionen

Die nächste Erläuterung führt zu folgender wichtigen Frage:
Wie viele Typen von Marktteilnehmern in Optionsmärkten gibt es?
→ Käufer von Calls (Long Call)
→ Verkäufer von Calls (Short Call)
→ Käufer von Puts (Long Put)
→ Verkäufer von Puts (Short Put)
Beim Käufer (Besitzer) einer Option liegt in der Sprache der Finanzmärkte eine Long–Position vor, als Verkäufer klassifiziert man die Inhaber der Short–Position, dies kann auch als „eine Option schreiben" bezeichnet werden.
Jeder Optionskontrakt hat also zwei Seiten: Anleger mit der Long–Position und Anleger mit der Short–Position.

---

[7] vergleiche: Hull, John C.: Optionen, Futures und andere Derivate. a.a.O., S. 228.

Das Wort „Recht" in der Definition (3) & (4) will ich hier nochmals hervorheben. Ein Käufer einer Option erwirbt das Recht, das Underlying ..., hat aber nicht die Pflicht!
„Von diesem Recht wird genau dann Gebrauch gemacht, d.h. die Option wird dann ausgeübt, wenn sie ‚in–the–money' liegt, d.h. wenn die Ausübung einen Gewinn abwirft:

	Call	Put
Aktienkurs < Ausübungspreis	out	in
Aktienkurs = Ausübungspreis	at	at
Aktienkurs > Ausübungspreis	in	out

Wenn die Option ‚at–' oder ‚out–of–the–money' liegt, dann wird sie einfach nicht ausgeübt" und verfällt. [8]
Der Optionsverkäufer erhält im Voraus eine Prämie (= Preis der Option, Optionspreis), hat aber eventuell später Verbindlichkeiten. Nun ist der „Nagel auf den Kopf getroffen", denn genau um diesen Preis geht es in meiner Arbeit. Wie hoch ist die Prämie zu wählen, damit sie fair ist? Die Frage gehört sogar zuerst anders formuliert: Wann ist eine Prämie fair berechnet?
Wir haben genau dann einen fairen Preis, wenn zu Beginn des Kontrakts keine Seite, also weder Käufer, noch Verkäufer der Option, einen Vorteil hat. Sonst könnte man durch geschickte Arbitragestrategien einen risikolosen Gewinn erzielen und das darf nicht sein. Während des Zeitraums „rutschen" die Positionen selbstverständlich mit sich änderndem Aktienkurs auf die Gewinn– bzw. Verlustseite. Spannend ist die zu beobachtende Symmetrie: Der Gewinn oder Verlust des Verkäufers ist dem des Optionskäufers entgegengesetzt.

Als Arbitrage bezeichnet man einen risikolosen Profit beim Handel mit Finanzgütern. Ein Beispiel: „Eine Aktie werde in New York und Frankfurt gehandelt. Es sei der Kurs in New York 100 Dollar, der Kurs in Frankfurt 93 Euro, der Wechselkurs 0,94 Euro pro Dollar." [9] Folgende mögliche Arbitragestrategie: Ich kaufe 1000 Aktien in Frankfurt, verkaufe diese in New York und wechsle Dollar in Euro. Ohne Berücksichtigung von Transaktionskosten beträgt der risikolose Profit: $1000 \cdot (100 \cdot 0,94 - 93) = 1000\,€$.
Aufgrund der Transparenz des Marktgeschehens kann eine derartige Arbitrage nur für sehr kurze Zeit möglich sein. Es wirken nämlich Angebot und Nachfrage: Das Bewusstsein der Arbitragemöglichkeit führt zu gesteigerter Nachfrage in Frankfurt, daher zur Anhebung des Frankfurter Kurses und erhöhter Aktienabgabe in New York, was den Kurs senkt.

Die Antwort auf die Frage „Wie hoch ist die Prämie zu wählen, damit sie fair ist?" wird das Ziel dieses Fachbuches sein. Anhand des Black–Scholes–Merton–Modells kann man die faire Prämie für europäische Optionen berechnen. Das Modell ist ein von Fischer Black, Myron Scholes und Robert Merton entwickeltes Bewertungsverfahren, es gilt als ein Meilenstein der Finanzwirtschaft und brachte Scholes und Merton (Black starb inzwischen) 1997 den Nobelpreis für Wirtschaftswissenschaften ein.
Die Idee ist folgende: Wenn zwei Positionen (Long und Short) beim Verfall denselben Wert aufweisen, muss auch ihr heutiger Wert genau gleich sein. Wäre dies nicht der Fall, dann

---

[8] Zimmermann, Heinz: Preisbildung und Risikoanalyse von Aktienoptionen. a.a.O., S. 13 f.
[9] Irle, Albrecht: Finanzmathematik. a.a.O., S. 11.

gäbe es Arbitragemöglichkeiten: Man könnte die „unterbewertete" Position kaufen, die „überbewertete" verkaufen, und die Differenz wäre ein risikoloser Gewinn, da sich der Wert der beiden Seiten bei Verfall neutralisiert, was heißen soll, dass durch die Transaktion keine zukünftige Verpflichtung entsteht.

Grundlegend für das Verständnis von Optionen ist, die Positionen durch ihre Auszahlungen (Payoffs) an den Anleger bei Fälligkeit zu charakterisieren. Die Kosten der Option (Prämie, mögliche Transaktionskosten) gehen in diese Analyse nicht mit ein.

Payoff–Diagramme ohne Optionsprämie: [10]

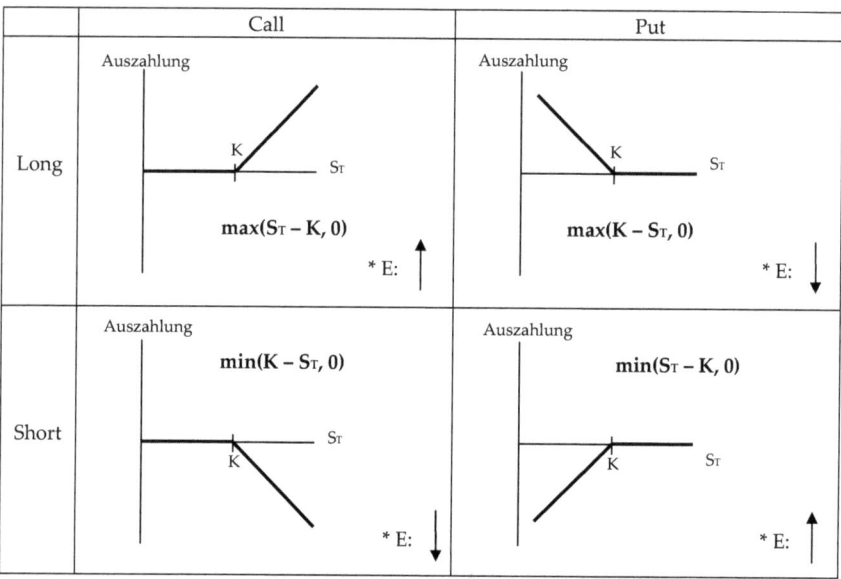

* E: Erwartung von der Option, d.h. man erwartet vom Aktienkurs, dass er sich nach oben bzw. unten (siehe Pfeil) bewegt um einen Gewinn realisieren zu können.
K: Ausübungspreis, S_T: Kurs der Aktie bei Fälligkeit;

ad Long Call: Call wird ausgeübt, falls $S_T > K$ und nicht ausgeübt, falls $S_T \leq K$. (Bemerkung: Es ist nicht förderlich den Call auszuüben, falls $S_T = K$, da je nach Vereinbarung Transaktionskosten auftreten können)
Erklärung $\max(S_T - K, 0)$:
Die Funktion max bedeutet, man nehme das Maximum aus entweder
    (1) $S_T - K$, falls $S_T > K$ (Ausübung $\rightarrow$ führt zu einem Gewinn!); Grund für $S_T - K$:
        Kontraktinhaber kann ein Gut, das den Wert S_T besitzt, zum Preis K kaufen.
oder   (2) 0, falls $S_T \leq K$ (keine Ausübung)
ad Short Call: Wegen der oben beschriebenen Symmetrie muss die Auszahlung an den Inhaber der Short–Position entgegengesetzt zur Long–Position sein.
$- \max(S_T - K, 0) = \min(K - S_T, 0)$

---

[10] vergleiche: Hull, John C.: Optionen, Futures und andere Derivate. a.a.O., S. 232.

Wie es für den „Short" üblich ist, hat dieser nun die Verpflichtung im Falle einer Ausübung und verliert K – S_T oder steigt im besten Fall (keine Ausübung) mit 0 aus. (Ich möchte noch einmal betonen, dass die Prämie bei dieser Analyse noch nicht einbezogen wurde! Selbstverständlich kann der Inhaber der Short–Position auch gewinnen, nämlich, wenn das Geschäft gut geht, die Prämie.)

ad Long Put: Der Put wird ausgeübt, falls S_T < K und nicht ausgeübt, falls S_T ≥ K. (Es gilt dieselbe Bemerkung für den Put wie oben)
ad Short Put: – max(K – S_T, 0) = min(S_T – K, 0)
Falls der Aktienkurs zum Fälligkeitszeitpunkt niedriger ist als der Ausübungspreis, verliert er durch die Ausübung S_T – K oder steigt im anderen Fall mit 0 aus.

Die obigen Grafiken sind zwar wichtig, speziell die Auszahlungen [z.B. max(S_T – K, 0) für einen Long Call] haben enorme Bedeutung für die Herleitung der Bewertungsformeln nach Black, Scholes und Merton, aber die oben stehenden Payoffs repräsentieren noch nicht die endgültige Position im Portfolio, d.h. es muss nun noch die Prämie (Preis der Option) berücksichtigt werden.

Payoff–Diagramme mit Optionsprämie = Gewinnprofil (Erwartung von der Option wie oben!): [11]

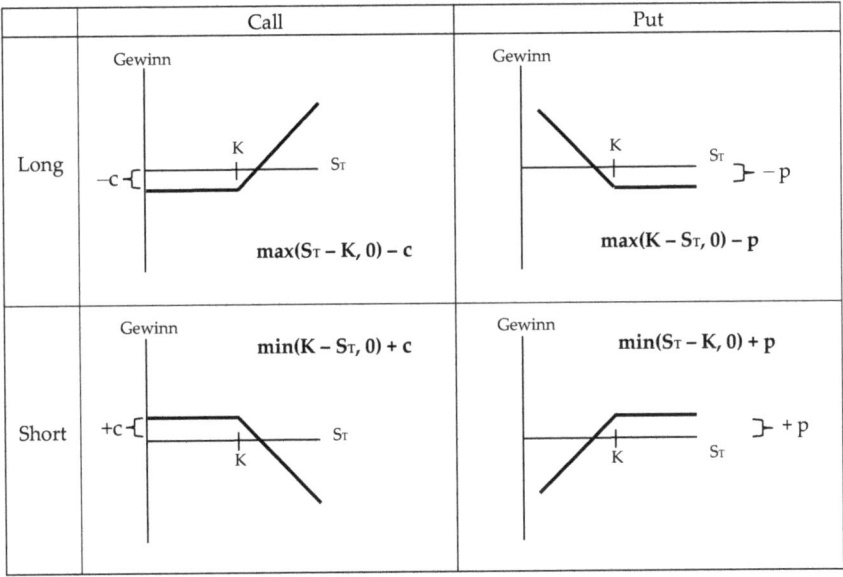

c: Call–Preis, p: Put–Preis;

[11] vergleiche: Zimmermann, Heinz: Preisbildung und Risikoanalyse von Aktienoptionen. a.a.O., S. 19.

1.4. Forwards und Futures [12]

Definition (5): Der Future– oder Forward–Kontrakt ist ein verbindlicher Vertrag (Pflicht!), der beide Vertragsparteien dazu verpflichtet, eine bestimmte Anzahl oder Menge eines Underlyings zu einem heute festgesetzten Kurs, dem Forward– oder Future–Preis, an einem in der Zukunft liegenden Zeitpunkt, dem Fälligkeitszeitpunkt, zu kaufen bzw. zu verkaufen. Dabei wird der Forward– oder Future–Preis so berechnet, dass das Eingehen der Kauf– bzw. Verkaufs–Verpflichtung zum heutigen Zeitpunkt kostenlos ist. [13]

Die Bezahlung des Underlyings erfolgt in der Regel erst bei dessen Lieferung und nicht bei Vertragsabschluss. Futures und Forwards haben zwar dieselbe Definition, jedoch unterscheiden sie sich in einigen Punkten. Die wichtigsten Differenzierungsmerkmale möchte ich an dieser Stelle nennen.

Futures werden an der Börse gehandelt, sind standardisiert, haben meistens einen Lieferzeitraum über mehrere Tage und weisen aufgrund der Einschuss–Konten eigentlich kein Kreditrisiko auf (→ Börsenhandel). Forwards stellen private Verträge zweier Parteien dar, sind nicht standardisiert, es steht gewöhnlich ein spezifizierter Liefertag fest und sie haben ein gewisses Kreditrisiko (→ OTC–Handel).

Payoff–Diagramme: [14]

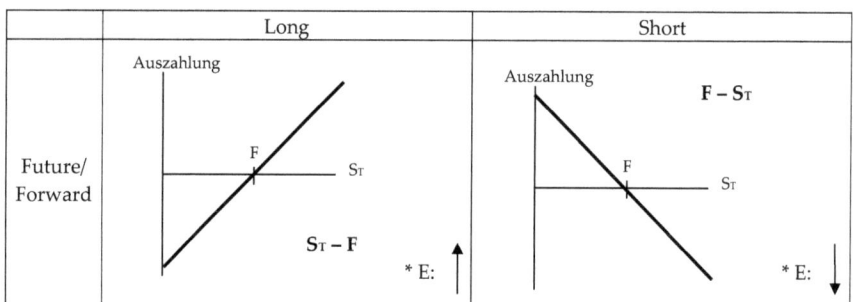

* E: Erwartung vom Future oder Forward, d.h. man erwartet vom Aktienkurs, dass er sich nach oben bzw. unten (siehe Pfeil) bewegt um einen Gewinn realisieren zu können.
F: Forward– oder Future–Preis

In den meisten Fällen kann der Future–Preis eines Kontrakts mit einem bestimmten Lieferdatum als identisch zum Forward–Preis eines Kontraktes mit dem gleichen

---

[12] vergleiche folgende Werke:
Kremer, Jürgen: Einführung in die Diskrete Finanzmathematik. a.a.O., S. 11 f.
Uszczapowski, Igor: Optionen und Futures verstehen. Grundlagen und neuere Entwicklungen, München: Deutscher Taschenbuch Verlag ^{5}2005, S. 341-344.
Hull, John C.: Optionen, Futures und andere Derivate. a.a.O., S. 138 f, 161.
[13] vergleiche folgende Werke:
Müller-Möhl, Ernst: Optionen und Futures. Grundlagen und Strategien für das Termingeschäft in der Schweiz, Deutschland und Österreich, Stuttgart: Schäffer-Poeschel ^{3}1995, S. 29.
Kremer, Jürgen: Einführung in die Diskrete Finanzmathematik. a.a.O., S. 10.
[14] vergleiche: Zimmermann, Heinz: Preisbildung und Risikoanalyse von Aktienoptionen. a.a.O., S. 19.

- - 7 - -

Lieferdatum angesehen werden. Die beiden Preise sind in der Theorie exakt gleich, wenn die Zinssätze gänzlich vorhersagbar sind. Folglich betrachte ich ausschließlich Futures.

Zur Veranschaulichung: Eine Orangensaftfirma will sich gegen ein Steigen des Orangenpreises in drei Monaten absichern. Sie nimmt daher die Long–Position in einem Future ein und kauft Orangen nach drei Monaten von der Short–Position um den berechneten Future–Preis. Liegt der Orangenpreis zum Fälligkeitszeitpunkt über dem Future–Preis, dann erzielt die Firma einen Gewinn, ansonsten erleidet sie einen Verlust.

Wie berechnet man nun den Future–Preis?

Bevor ich diese Frage beantworten kann, ist folgender Einschub nötig:

Stetige Verzinsung

Die stetige Verzinsung ist ein Sonderfall der unterjährigen Verzinsung mit Zinseszinsen, bei der die Anzahl der Zinsperioden gegen unendlich strebt. Der Zeitraum der einzelnen Zinsperiode geht demnach gegen 0.

$$K_n = K_0 \cdot \left(1 + \frac{r}{m}\right)^{m \cdot n}$$

n... Jahre K_n... Kapital nach n Jahren   r... Zinssatz
m... mal jährlich verzinst K_0... Anfangskapital

Stetige Verzinsung für $m \to \infty$:

$$K_n = \lim_{m \to \infty}\left(K_0 \cdot \left(1 + \frac{r}{m}\right)^{m \cdot n}\right) = K_0 \cdot e^{r \cdot n}$$

Verweis: $e = \lim_{m \to \infty}\left(1 + \frac{1}{m}\right)^{m}$ und $e^r = \lim_{m \to \infty}\left(1 + \frac{r}{m}\right)^{m}$

Umrechnungen:

$$K_0 \cdot e^{r_s \cdot n} = K_0 \cdot \left(1 + \frac{r_m}{m}\right)^{m \cdot n}$$

r_s... Zinssatz bei stetiger Verzinsung
r_m... Zinssatz bei m–maliger Verzinsung

$$e^{r_s} = \left(1 + \frac{r_m}{m}\right)^{m}$$

$$r_s = m \cdot \ln\left(1 + \frac{r_m}{m}\right) \qquad r_m = m \cdot \left(e^{\frac{r_s}{m}} - 1\right)$$

Die Zinssätze werde ich immer mit stetiger Verzinsung messen, da man diese Verzinsungsart in sehr vielen finanzmathematischen Modellen annimmt; so zum Beispiel bei der Berechnung des fairen europäischen Call– und Put–Preises anhand des Black–Scholes–Merton–Modells oder generell bei der Bewertung von Derivaten.

Nun aber zurück zur Frage: Wie berechnet man den Future–Preis?

Aktie	Future–Preis	
ohne Erträge	$S_0 \cdot e^{r \cdot T}$	
mit bekanntem Ertrag (Barwert I: Wert, den eine zukünftig fällige Zahlungsreihe in der Gegenwart besitzt)	$(S_0 - I) \cdot e^{r \cdot T}$	S_0... gegenwärtige Aktienkurs
T... Laufzeit (in Jahren)
r... stetige Zinssatz für T Jahre
mit bekannter Rendite q	$S_0 \cdot e^{(r-q) \cdot T}$	

Nun scheint dies ziemlich „aus der Luft gegriffen", deshalb will ich erklären, wie man solche Bewertungsformeln deduziert. Dazu betrachte ich nur die erste Variante, da die anderen denselben Ansatz haben. Eine Arbitrageüberlegung führt hier zum Ziel: Ich habe beispielsweise eine Aktie, deren Kurs bei 50 € liegt, und der risikolose Zinssatz für sechsmonatige Anlagen liegt bei 4 % per annum.

Voraussetzungen für einige (die größten, z.B. Investmentbanken) Marktteilnehmer:

→ keine Existenz von Transaktionskosten,

→ Aufnahme und Anlage des Kapitals ist zum risikolosen Zinssatz möglich,

→ alle Handelsgewinne unterliegen dem gleichen Steuersatz,

→ Arbitragemöglichkeiten werden genützt, sobald sie auftreten.

Die Methode liegt in der Einschränkung des Future–Preises:

Future–Preis = 54 €	Future–Preis = 47 €
Heute:	Heute:
→ Ich leihe mir 50 € zu 4 % p.a. für 6 Monate	→ Ich verkaufe eine Aktie leer (Short–selling), nehme 50 € ein
→ Kauf einer Aktie	[Leerverkauf: Verkauf eines Underlyings, das sich noch gar nicht im Besitz des Verkäufers befindet; mit der Absicht, es später billiger erwerben zu können.]
→ Abschluss eines Short Futures der Aktie in 6 Monaten für 54 €	→ Ich lege die 50 € zu 4 % p.a. für 6 Monate an
	→ Abschluss eines Long Futures der Aktie in 6 Monaten für 47 €
In 6 Monaten:	In 6 Monaten:
→ Verkauf der Aktie für 54 € (Short Future)	→ Kauf der Aktie für 47 € (Long Future)
→ Rückzahlung des Kredits mit Zinsen (51,01 €)	→ Ich schließe den Leerverkauf
	→ Habe 51,01 € Erlös aus der Anlage
→ Risikoloser Gewinn = 2,99 €	→ Risikoloser Gewinn= 4,01 €

Es dürfen nun aber keine Arbitragemöglichkeiten existieren, da auch der Future–Preis fair sein muss. Der Future–Preis ist so anzupassen, dass der Wert zum heutigen Zeitpunkt gerade Null beträgt – der Vertrag sollte bei t = 0 tatsächlich wertlos sein. Im Gegensatz zu Optionen kann man sich hier eine ganz einfache Strategie überlegen: Mein Counterpart kauft von mir einen Future auf die eben betrachtete Aktie mit Fälligkeit in sechs Monaten. Ich bin nun verpflichtet, zum Fälligkeitszeitpunkt die Aktie an meinen „Gegenspieler" zu einem Preis F auszuliefern. Um dies jedoch garantieren zu können, kaufe ich die Aktie um 50 € heute und finanziere sie durch einen Kredit in der Höhe von 50 €. Nach sechs Monaten verkaufe ich dem Gegenüber die Aktie zum Future–Preis. Wähle ich den Preis so, dass mit diesem der Betrag in der Höhe von $50 \cdot e^{0,04 \cdot 0,5} = 51{,}01$ € zurückgezahlt werden kann, so ist es möglich die Verpflichtung ohne Gewinn oder Verlust zu erfüllen. → $F = S_0 \cdot e^{r \cdot T}$

Der Future–Preis hängt also lediglich vom risikolosen Zinssatz r ab und nicht vom Underlying!

1.5. Händlertypen [15]

Es werden drei wesentliche Händlertypen unterschieden:

Absicherer (Hedger)	Schließen Geschäfte zur Risikoreduzierung oder sogar zur Risikoeliminierung ab.
Spekulanten	Spekulieren (wetten) auf zukünftige Bewegungen des Preises eines Underlyings. Sie nutzen die Hebelwirkung von Derivaten (Leverage → Kapitel „Eigenschaften von Aktienoptionen").
Arbitrageure	Streben Vorteile aus unterschiedlichen Kursen auf verschiedenen Märkten an.

Zusammenfassung Kapitel 1

„Die Berechnung des fairen europäischen Call– und Put–Preises anhand des Black–Scholes–Merton–Modells" – folgende Komponenten möchte ich nach dieser Einführung hieraus nochmals explizieren:

→ Mit dem Kauf eines Calls bzw. eines Puts erwirbt man das Recht das Underlying zu einem in der Zukunft liegenden Zeitpunkt (→ Zeitpunkt: europäische Option), dem Fälligkeitszeitpunkt, zu einem heute schon vereinbarten Kurs, dem Ausübungspreis, zu kaufen bzw. zu verkaufen.

→ Für den Erwerb einer Option muss also ein bestimmter Betrag bezahlt werden: Dieser heißt Optionspreis (Call– bzw. Put–Preis). Wichtig ist dabei, dass der Optionspreis fair, also ohne Existenz von Arbitragemöglichkeiten, berechnet wurde.

→ Das Black–Scholes–Merton–Modell ist ein Bewertungsverfahren für die Berechnung des fairen europäischen Call– und Put–Preises.

→ Das Modell konnte sich bald als „Standard" in der Optionspreisbildung etablieren. Frühere Methoden zur Optionsbewertung fanden keinen Anklang, weil sie von schwer bis teilweise unbestimmbaren Parametern abhingen, wie beispielsweise dem erwarteten Aktienpreis bei Fälligkeit der Option. Die Determinanten (→ Kapitel „Eigenschaften von Aktienoptionen", Bestimmungsfaktoren) für den Preis der Option sind im Black–Scholes–Merton–Modell bis auf eine Ausnahme alle real auf dem Markt beobachtbar. Allein die zukünftige Volatilität[16] des Aktienkurses ist nicht exakt bestimmbar, kann aber relativ „trivial", zum Beispiel mittels historischer Daten (Historische Volatilität) oder deduziert aus den Marktpreisen von Optionen (Implizite Volatilität), objektiv geschätzt werden. [17]

Nachdem nun ein grundlegender Überblick geschaffen wurde, ist es erforderlich die maßgeblichen Eigenschaften von Aktienoptionen darzulegen.

---

[15] vergleiche: Hull, John C.: Optionen, Futures und andere Derivate. a.a.O., S. 40.

[16] Volatilität ist salopp gesagt das Maß für die Schwankung des Aktienkurses; sie definiert sich aus der Standardabweichung der Renditen über ein Jahr und ist als Maß für das Risiko zu interpretieren.

[17] vergleiche: Dörner, Jan-Hendrik: Black-Scholes Interactive, online im Internet: URL: http://www.wiwi.uni-frankfurt.de/~doerner/kap1.pdf [Stand: 2007-11-01, 22:00].

2. Eigenschaften von Aktienoptionen

Folgende Leitfragen stehen in diesem Abschnitt im Fokus und helfen ein besseres Verständnis für Aktienoptionen zu entwickeln:
- → Was motiviert zum Kauf einer Option?
- → Welche Faktoren beeinflussen den Optionspreis?
- → Kann man Wertober– und Wertuntergrenzen von Optionen klar definieren?
- → Gibt es eine Beziehung zwischen Call und Put?

2.1. Beweggründe zum Kauf einer Option

Wenn mich plötzlich ein unbekannter Mann auf der Straße fragen würde, warum ich eigentlich mit Optionen handle, gäbe ich ihm, vorausgesetzt er sähe nicht gerade aus wie ein gieriger Spekulant, folgende zwei Motivationsgründe als Antwort auf die Frage:
- → Erstens nütze ich die Hebelwirkung von Optionen, den so genannten Leverage–Effekt.

Dazu ein fiktives Beispiel: Ein Professor hatte in der Klassenkasse seiner Schüler 2500 € zu verwalten. Im Oktober 2006 fokussierte er sich auf die Aktiengesellschaft Schoeller–Bleckmann (ATX), die damals bei circa 30 € pro Aktie stand. Somit hätte er sich sagenhafte 83 Aktien mit dem Geld seiner Schüler kaufen können. „Hätte" deshalb, weil ferner eine Call Option mit Strike at–the–money bei 30 €, Laufzeit 1 Jahr und Preis bei 4 € pro Call auf die Aktie zur Verfügung stand. Der schlaue Professor entschied sich für die Option und erwarb 625 Calls. Nach einem Jahr war eine Aktie plötzlich 72 € wert. Hätte er in Aktien investiert, würde sein Gewinn $(72-30)\cdot83 = 3486$ € betragen. Durch den Verkauf seiner Rechte (Calls) realisierte er jedoch einen Gewinn von über $(72-30-4)\cdot625 = 23750$ €, also viel mehr!!

Hinweisen möchte ich auf die unrealistische Tatsache, dass in meinem Beispiel etwaige Transaktionskosten nicht berücksichtigt wurden. Meines Erachtens zeigt es aber den gewaltigen Hebeleffekt sehr gut!

Dass das Geschäft des Lehrers jedoch auch äußerst spekulativ war, sollte man unbedingt beachten. Denn er hätte bei dieser aggressiven Strategie bereits bei einem gleich bleibenden Aktienkurs von 30 € das ganze Geld, also 2500 € verloren, wogegen er bei einem „trivialen" Kauf der 83 Aktien nichts verspekuliert hätte.

Durch den Gebrauch von Optionen und Ausnützung des Leverage–Effekts werden gute Resultate zwar noch sehr viel besser, jedoch schlechte Resultate um einiges schlechter. Bei einem „gewöhnlichen" Erwerb der Aktien bietet sich dieser Hebel nicht, d.h. man kann niemals einen derartig riesigen Gewinn erzielen, aber dafür ist der Verlust niemals so groß. Allerdings genau der eben beschriebene gewaltige Profit macht das Handeln mit Optionen dermaßen populär.
- → Zweitens ermöglichen Optionen eine Abschätzung der Gefahr, demzufolge eine vollständige Eingrenzung des Risikos und bieten faktisch eine Versicherung.

Beispielsweise sichert man sich beim Kauf eines Long Puts gegen ein Fallen des Aktienkurses ab und schaltet auf diese Weise sein Risiko gänzlich aus.

Auch im oben dargelegten Beispiel über den Professor ist die Gefahr völlig begrenzt: Er profitiert enorm von Kursanstiegen, kann aber im Falle eines Kursrückgangs „nur" die Optionsprämie verlieren.

2.2. Bestimmungsfaktoren [1]

Der Preis einer Aktienoption hängt von sechs Bestimmungsfaktoren ab:
- → dem gegenwärtigen Aktienkurs S_0,
- → der Restlaufzeit der Option (bzw. dem Verfalldatum) T,
- → der Volatilität des Aktienkurses σ,
- → dem Ausübungspreis der Option K,
- → dem Zinssatz einer risikolosen Anlage mit derselben Restlaufzeit r,
- → der Höhe einer allfälligen Dividende der Aktie während der Laufzeit der Option d (Barwert der Dividende), wenn die Option nicht dividendengeschützt ist.

Gewisse Faktoren, von denen man einen maßgeblichen Einfluss auf den Optionspreis erwarten würde, wie etwa die durchschnittliche Einschätzung des Kurses während der Restlaufzeit oder die Risikobereitschaft der anderen Teilnehmer auf dem Markt, sind für die Berechnung des Preises der Option nicht relevant.

Folgende Tabelle zeigt, wie die eben aufgezeigten Determinanten auf die Höhe der Call- und Put-Preise wirken, wenn sich einer der Bestimmungsfaktoren ändert, alle anderen aber unverändert (konstant) bleiben:

Bestimmungsfaktor	Call	Put
gegenwärtige Aktienkurs	+	−
Restlaufzeit der Option (*)	nicht eindeutig	nicht eindeutig
Volatilität des Aktienkurses	+	+
Ausübungspreis der Option	−	+
risikoloser Marktzinssatz	+	−
Dividende	−	+

Legende:
+   Erhöhung im Wert der Variablen → Anstieg des Optionspreises
−   Erhöhung im Wert der Variablen → Fall des Optionspreises

(*) In den meisten Fällen wächst der Wert europäischer Calls und Puts mit steigender Laufzeit. Der Vollständigkeit halber sei jedoch erwähnt, dass dieses Verhalten nicht immer stimmt.

Man muss unter anderem analysieren, ob etwaige Dividenden den Wert eines Calls herabsetzen. Aus diesem Grund kann beispielsweise ein Call mit längerer Laufzeit billiger sein als ein Call mit kürzerer Laufzeit, wenn im Betrachtungszeitraum nach dem Verfall des kürzer laufenden Calls und vor dem Verfall des länger dauernden Calls eine maßgebliche Dividendenzahlung erfolgt. Denn was bringt eine Dividende mit sich? Sie bewirkt einen Rückgang des Aktienkurses am Tag der Ausschüttung etwa um die Höhe der Dividende (ein bisschen weniger aufgrund von diversen Steuern).

---

[1] vergleiche folgende Werke:
Zimmermann, Heinz: Preisbildung und Risikoanalyse von Aktienoptionen. a.a.O., S. 33 f.
Rank, Jörn: Stochastische Prozesse in der Finanzmathematik. Die Black-Scholes Gleichung, Vorlesung 4 an der Johann Wolfgang Goethe-Universität, online im Internet: URL: http://www.d-fine.biz/deutsch/Bibliothek/Vorlesungen/vl_jra_stoch_4.pdf [Stand: 2007-11-10, 18:00], Frankfurt am Main: 2000, S. 5.
Hull, John C.: Optionen, Futures und andere Derivate. a.a.O., S. 256, 259.

Mitunter ist das auch die Ursache, warum eine Erhöhung im Wert der Dividende einen niedrigeren Call–, aber einen höheren Put–Preis bewirkt.

Ich selbst interpretiere den Sachverhalt auch so, dass man bei einem Long Put (man besitzt normalerweise die Aktie vor Verfall) die Dividende erhält und dadurch der Counterpart (im Falle einer Ausübung) die Aktie nachher zwar kaufen muss, aber um die Dividende „gebracht" wurde, weshalb dies durch einen höheren Put–Preis ausgeglichen wird. Andererseits ist der Counterpart im Stande sein Kapital vor dem Erwerb der Aktie zum risikolosen Marktzinssatz anzulegen. Die Long–Position hat ihr Vermögen zur Anschaffung der Aktie verbraucht, weswegen sie ihr Geld nicht zum risikolosen Marktzinssatz anlegen kann. Auf diese Art und Weise begründe ich das Fallen des Put–Preises, wenn der risikolose Marktzinssatz erhöht wird.

Spiegelverkehrte Argumentation gilt für den Call, d.h. geringerer Call–Preis bei Erhöhung der Dividende und sogleich höherer Call–Preis bei Steigerung des risikolosen Marktzinssatzes.

Obwohl ich erst später zeigen will, wie man den Preis eines Calls und eines Puts berechnet, möchte ich dennoch an dieser Stelle anhand meiner selbst programmierten Grafiken in Mathematica darlegen, dass man zwischen dem Ausmaß der Wirkungen der einzelnen Faktoren differenzieren muss, weil beispielsweise der Optionspreis generell sehr sensitiv gegenüber der Volatilität des Aktienkurses ist, aber relativ unempfindlich gegenüber dem Zinssatz. Ferner bin ich der Meinung, dass man mit Hilfe meiner Abbildungen die oben stehende Tabelle besser nachvollziehen kann.

Für diese Analyse betrachte ich das Unternehmen Böhler–Uddeholm AG (ATX):

S_0	.... 73,09 €
K at the money	.... 73,09 €
σ	.... ~ 35 % p.a.
r	.... ~ 4,5 % p.a.
d	.... ~ 4 % p.a.
T	.... 1 Jahr

Call

Put

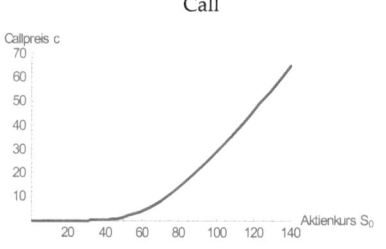

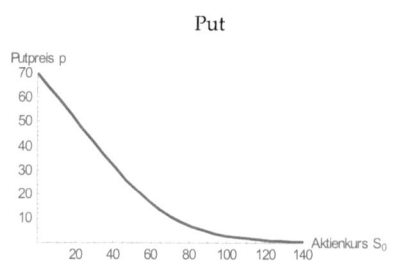

---

[2] Grafik: © Wiener Börse AG & Interactive Data: Equity Market.AT, Böhler-Uddeholm AG, online im Internet: URL: http://www.wienerborse.at/stocks/atx [Stand: 2007-11-03, 17:18].

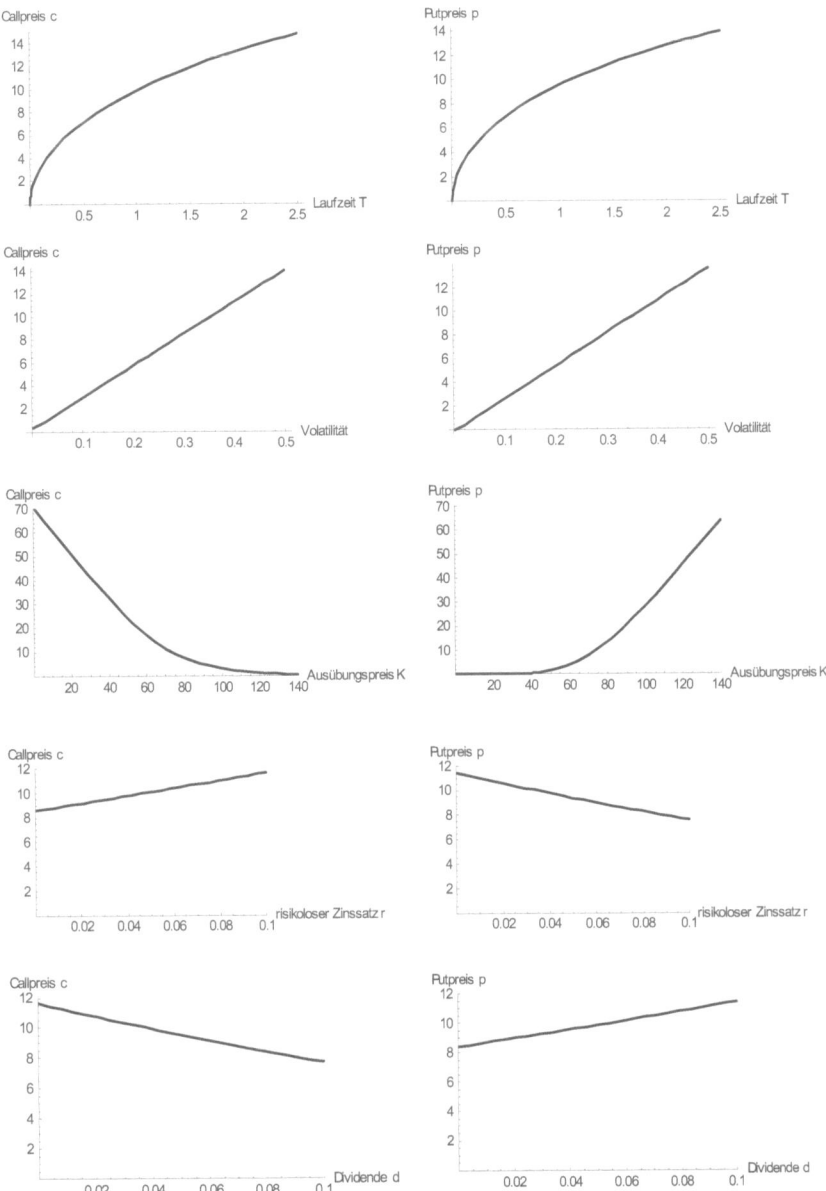

Zur Beantwortung der letzten zwei Leitfragen bedarf es wieder derselben Annahmen wie bereits bei der Herleitung des Future–Preises, die tatsächlich für sehr einflussreiche Marktteilnehmer (z.B. große Investmentbanken) gültig sind:

→ keine Transaktionskosten,

→ alle Handelsgewinne unterliegen dem gleichen Steuersatz,

→ Arbitragemöglichkeiten werden genützt, sobald sie auftreten (führt aufgrund der Transparenz des Marktgeschehens dazu, dass irgendeine auftretende Arbitrage–chance sofort wieder verschwindet → No–Arbitrage–Prinzip gilt, d.h. Arbitragemöglichkeiten gibt es nicht),

→ Aufnahme und Anlage des Kapitals ist zum risikolosen Zinssatz möglich.

(Bemerkung: Man setzt r > 0 voraus, andernfalls sollte Bargeld einer risikolosen Anlage vorgezogen werden; r gibt den Nominalzins und nicht den Realzins [= von Inflationsrate bereinigter Zinssatz] an.) [3]

2.3. Wertober– und Wertuntergrenzen [4]

Wertobergrenzen

Da eine Kaufoption nie mehr wert sein kann als die Aktie selbst, ist der gegenwärtige Aktienkurs eine Obergrenze der Option. $c \leq S_0$

Würde dies nicht gelten, könnte ein Arbitrageur einen risikolosen Gewinn realisieren, indem er die Aktie kaufte und gleichzeitig einen Call verkaufte.

Durch den Kauf einer Verkaufsoption erwirbt man bekanntlich das Recht eine Aktie zu einem in der Zukunft liegenden Zeitpunkt zum Preis K zu verkaufen. Ein Put darf nun nicht mehr wert sein als K, egal wie niedrig der Aktienkurs fällt. $p \leq K$

→ zum heutigen Zeitpunkt befindet sich der Put Preis niemals über dem Barwert von K:

$$p \leq K \cdot e^{-r \cdot T}$$

Wenn diese obere Grenze nicht existieren würde, könnte ein Arbitrageur die Strategie verfolgen einen Put zu schreiben, p zum risikolosen Zinssatz anzulegen und resultierend einen risikolosen Gewinn zu erzielen.

Wertuntergrenzen

Formeln für untere Schranken zu finden ist ein bisschen langwieriger, weil man auch die Auswirkung von etwaigen Dividenden berücksichtigen muss. Deshalb nehme ich folgende Differenzierung vor:

Ich habe mir als „Merkregel" für die Herleitung eingeprägt, dass ich immer zwei konstruierte Portfolios benötige, die „einander symmetrisch speisen".

Für **1. (a)** braucht man also zwei Portfolios der Form:

$P(\zeta)$: Call + Geldbetrag in Höhe von $K \cdot e^{-r \cdot T}$	$P(\lambda)$: Aktie

---

[3] vergleiche: Hull, John C.: Optionen, Futures und andere Derivate. a.a.O., S. 260.

[4] vergleiche: Ebd., S. 260-263, 271.

Unter „einander symmetrisch speisen" verstehe ich demnach: Wenn ich $P(\zeta)$ als Long– und $P(\lambda)$ als Short–Position interpretiere, so benötigt $P(\zeta)$ bei Fälligkeit des Calls im Falle einer Ausübung K Geld zum Kauf der Aktie. Damit $P(\lambda)$ keinen ungedeckten Standpunkt aufweist, ergo die Aktie garantiert an $P(\zeta)$ verkaufen kann, besitzt $P(\lambda)$ die Aktie.

Meine „Merkregel" ist zwar nicht ganz korrekt, da im Endeffekt $P(\lambda)$ ein von $P(\zeta)$ unabhängiges Portfolio darstellt, trotzdem bin ich der Meinung, dass sie als eine Art Ansatz für die Konstruktion von $P(\zeta)$ und $P(\lambda)$ zweckdienlich ist.

Der Geldbetrag in $P(\zeta)$ wird während der Zeit T auf den Wert K anwachsen, falls er zum risikolosen Zinssatz angelegt wird. Bekanntlich unterscheidet man nun bei Fälligkeit des Calls zwei mögliche Ausgänge:

$S_T > K$: Ausübung $\rightarrow P(\zeta) = S_T$ $S_T \leq K$: Verfall $\rightarrow P(\zeta) = K$

Daraus lässt sich ableiten, dass zum Zeitpunkt T $P(\zeta)$ max(S_T, K) wert ist.

Weil $P(\lambda)$ zum Zeitpunkt T die Aktie S_T besitzt, ist folglich $P(\zeta)$ bei Fälligkeit der Option stets zumindest so viel wert wie $P(\lambda)$. Um Arbitragemöglichkeiten auszuschließen muss diese Argumentation auch heute gelten: $c + K \cdot e^{-rT} \geq S_0 \rightarrow c \geq S_0 - K \cdot e^{-rT}$

Zumal im ungünstigsten Falle ein Call ungebraucht verfällt, gilt $c \geq 0$, was zum Ergebnis $c \geq \max(S_0 - K \cdot e^{-rT}, 0)$ für die Wertuntergrenze einer Kaufoption auf eine dividendenlose Aktie führt.

Eine kleine Modifikation in $P(\zeta)$ liefert die Formel für **1. (b)**:

$P1(\zeta)$: Call + Geldbetrag in Höhe von $d + K \cdot e^{-rT}$	$P1(\lambda)$: $P(\lambda)$

Eine analoge Überlegung ergibt: $c \geq \max(S_0 - d - K \cdot e^{-rT}, 0)$

Um eine Lösung für **2. (a)** zu ermitteln, bedarf es zweier neuer Portfolios:

$P(\psi)$: Geldbetrag in Höhe von $K \cdot e^{-rT}$	$P(\omega)$: Put + Aktie

Bei Fälligkeit des Puts:

$S_T \geq K$: Verfall $\rightarrow P(\omega) = S_T$ $S_T < K$: Ausübung $\rightarrow P(\omega) = K$

Zum Zeitpunkt T hat $P(\omega)$ den Wert $\max(S_T, K)$ und $P(\psi) = K$, wenn der Geldbetrag zum risikolosen Zinssatz angelegt wurde. $\rightarrow P(\omega) \geq P(\psi)$

Um Arbitrage zu verhindern, muss auch für heute diese Ungleichung wirksam sein:

$p + S_0 \geq K \cdot e^{-rT} \rightarrow p \geq K \cdot e^{-rT} - S_0$; da $p \geq 0$: $p \geq \max(K \cdot e^{-rT} - S_0, 0)$

Wird das Portfolio $P(\psi)$, wie bereits oben gezeigt, um den Barwert der Dividende d zu $P1(\psi)$ erweitert und lässt $P(\omega)$ gleich, so erhält man für **2. (b)** nach ähnlicher Begründung:

$$p \geq \max(d + K \cdot e^{-rT} - S_0, 0)$$

Die Tatsache, dass Wertober– und Wertuntergrenzen von Optionen dermaßen trivial berechnet werden können, ist insofern praktisch, weil auch eine Privatperson unter– bzw. überbewertete Calls/Puts sofort erkennen kann und dadurch theoretisch im Stande ist potentielle kurz andauernde risikolose Gewinnchancen zu nützen. In der Praxis wird, beispielsweise aufgrund anfallender Transaktionskosten, eine derartige Möglichkeit für einen so „kleinen Arbitrageur" (fast) niemals rentabel sein.

Unter keinen Umständen möchte ich die letzte Leitfrage unbeantwortet lassen, da die Relation zwischen Call und Put, die so genannte Put–Call–Parität, womöglich den wichtigsten Punkt dieses Kapitels darstellt.

2.4. Put–Call–Parität [5]

Definition (6): „Die Put–Call–Parität wird verstanden als Gleichgewichtsbedingung zwischen einem Put und einem Call, einer Position im Basiswert (wobei die Optionslaufzeit und der Basispreis identisch sein müssen) sowie einem Kredit in Höhe des diskontierten Wertes des Basispreises." [6]

Per Definition (6) stellt die Put–Call–Parität also eine Beziehung zwischen einem Put und einem Call auf das gleiche Underlying dar. Wichtig ist dabei die Voraussetzung, dass die Fälligkeitszeitpunkte und die Ausübungspreise der Kauf– und Verkaufsoption dieselben sind. Folgende Überlegung zur Herleitung:

Strategie	Wert heute	Wert zum Fälligkeitszeitpunkt
Kauf eines Calls	c	$\max(S_T - K, 0)$
gleichzeitig Verkauf eines Puts	$- p$	$- \max(K - S_T, 0)$
Zwischenbilanz	$c - p$	$S_T - K$

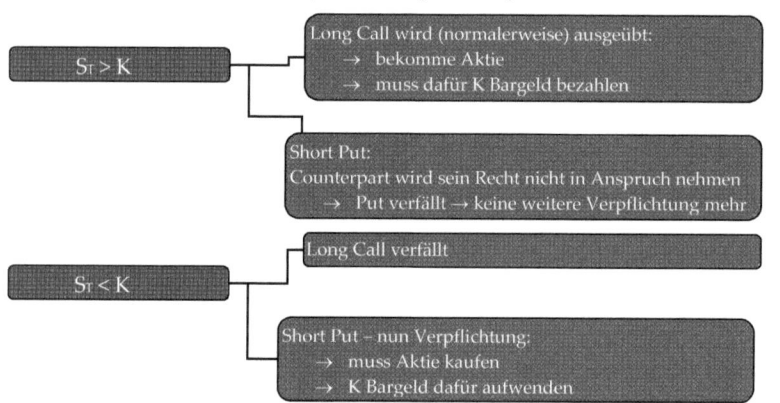

Wie sich aus meiner Struktur herauslesen lässt, ist bereits im Vorhinein bekannt, dass man zum Schluss dieser Strategie eine Aktie besitzt, die um K Bargeld gekauft wurde.
Um das Portfolio nun zu „hedgen" (engl. to hedge: absichern):

Short selling: Verkauf der Aktie	$- S_0$	$- S_T$
Bargeld (heute schon auf Bank gelegt, um Betrag im Umfang K zur Fälligkeit garantieren zu können)	$K \cdot e^{-r \cdot T}$	K
Gesamt	$c - p - S_0 + K \cdot e^{-r \cdot T}$	0

---

[5] vergleiche folgende Werke:
Hauser, Michael; Leydold, Josef: Finanzmathematik & Quantitative Finance. Derivate Kapitel 9, online im Internet: URL: http://statistik.wu-wien.ac.at/LV/PIWahlfach_StatFM/Unterlagen_StochMeth/9-derivative-handout.pdf [Stand: 2007-12-04, 23:13], Wien: Statistik WU Wien 2003, S. 11 f.
Zimmermann, Heinz: Preisbildung und Risikoanalyse von Aktienoptionen. a.a.O., S. 56.
[6] Wirtschaftslexikon: Put-Call-Parität, online im Internet: URL: http://www.wirtschaftslexikon24.net/d/put-call-paritaet/put-call-paritaet.htm [Stand: 2007-12-03, 21:00].

Put–Call–Parität: $c - p - S_0 + K \cdot e^{-r \cdot T} = 0 \;\rightarrow\; c + K \cdot e^{-r \cdot T} = p + S_0$

Aus dieser Beziehung ergibt sich ein signifikanter Vorteil, es lässt sich durch Auflösung der Paritätsgleichung beispielsweise der Preis eines Calls feststellen, wenn man den Wert eines Puts auf dasselbe Underlying mit identischem Ausübungspreis und gleichem Fälligkeitszeitpunkt kennt.

Die Put–Call–Parität kann ferner zur Illustrierung einer interessanten Tatsache herangezogen werden. Instinktiv würde man annehmen, dass die erwartete Kursentwicklung, die ich im nachfolgenden Kapitel mitunter behandeln möchte, zur Berechnung des Preises einer Option eine bedeutsame Rolle spielt. Diesbezüglich würde man vermuten, die Erwartung einer positiven Kursänderung erhöhe den Preis eines Calls und reduziere den Wert eines Puts. Aus der Put–Call–Parität deduziert man aber, dass eine Erhöhung des Call–Preises, zum Beispiel wegen einer besseren Kurserwartung, unbedingt zwingend auch einen Anstieg des Put–Wertes mit sich bringt. Die erwartete (durchschnittliche) Kursentwicklung zählt deshalb nicht zu den Bestimmungsfaktoren einer Option.

Die oben stehende Paritätsgleichung gilt nicht für Underlyings mit Dividende(n), deswegen muss sie noch modifiziert werden, wobei ich auf eine Herleitung verzichten will, da eine bekannte Argumentation meiner Meinung nach völlig ausreicht. Etwaige Ausschüttungen wirken auf den Preis eines Calls negativ, ein Faktum, das in der Gleichung zu berücksichtigen ist:

$$c + K \cdot e^{-r \cdot T} = p + S_0 - d$$

Man sieht, je höher der Barwert der Dividende d ist, desto niedriger wird der Wert eines Calls.

Put–Call–Parität mit Dividende(n): $c + d + K \cdot e^{-r \cdot T} = p + S_0$

Die Put–Call–Parität grafisch anhand eines Beispiels veranschaulicht:

„Gleichung $[\, c + d + K \cdot e^{-r \cdot T} = p + S_0 \,]$ zeigt, dass eine Long–Position in einem Put, kombiniert mit einer Long–Position in einer Aktie, äquivalent mit einer Long–Position in einer Kaufoption plus einem bestimmten Geldbetrag [= $K \cdot e^{-r \cdot T} + d$] ist. Dies erklärt, weshalb das Gewinnprofil [...] dem Gewinnprofil einer Long–Call–Position ähnlich ist."[7]

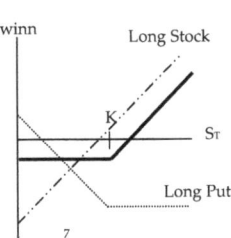

Zusammenfassung Kapitel 2

Die Grundlagen zu Optionen sind somit abgeschlossen – selbstverständlich gäbe es noch sehr viele weitere Einzelheiten (Kreditrisiko, Regulierung, Besteuerung, Mitarbeiteroption etc.), die ich gerne behandeln würde, aber dies würde den Rahmen dieser Arbeit bei weitem sprengen.

Das nächste Kapitel ist meines Erachtens sehr wichtig, da ich in ihm die mathematische Basis des Black–Scholes–Merton–Modells aufzeige.

---

[7] Hull, John C.: Optionen, Futures und andere Derivate. a.a.O., S. 279.

3. Wiener–Prozesse, Itôs Lemma und geometrische Brownsche Bewegung

Beim Studieren dieses Kapitels ist es hilfreich sich folgende Leitfragen zu überlegen:
→ Welchen stochastischen Prozess setzt man für die Entwicklung der Aktienkurse voraus?
→ Was ist der Grundgedanke eines Markov–Prozesses?
→ Wie wird ein allgemeiner Wiener–Prozess definiert?
→ Wann spricht man von einem Itô–Prozess?
→ Wozu benötigt man Itôs Lemma?
→ Welche zwei Parameter beinhaltet der Prozess für Aktienpreise?
→ Welcher stochastische Prozess wird für den Kurs einer dividendenlosen Aktie unterstellt? Besitzt der Aktienpreis oder die Rendite zu einem zukünftigen Zeitpunkt eine Lognormalverteilung?

3.1. Stochastische Prozesse [1]

Bei zahlreichen Systemen oder Variablen, die sich im Laufe der Zeit verändern, kann man nicht garantiert vorhersagen, welchen Zustand das System beziehungsweise welchen Wert die Variable für die zukünftigen Zustände annehmen wird. Es handelt sich demnach um kein deterministisches System. Häufig lässt sich aber eine Wahrscheinlichkeitsverteilung für die zukünftigen Zustände angeben; damit liegen stochastische Systeme vor. Wir begegnen derartigen stochastischen Systemen oftmals im Alltag, beispielsweise beim Wasser– oder Stromverbrauch, bei der Entwicklung eines Lagerbestandes, bei den Schadensfällen pro Tag in der Haushaltsversicherung, bei der Brownschen Bewegung (Irrfahrt von Molekülen in homogener ruhender Flüssigkeit) oder eben bei der Entwicklung der Aktienkurse.

Definition (7): „Ein stochastischer Prozess ist die mathematische Beschreibung von zeitlich geordneten, zufälligen Vorgängen." [2]

Das heißt, die Theorie stochastischer Prozesse bietet eine Möglichkeit, solche zeitlich geordneten, zufälligen Verläufe mathematisch zu beschreiben. Man klassifiziert in stochastische Prozesse in diskreter Zeit oder in stetiger Zeit und gliedert ferner in stochastische Prozesse mit diskreten Variablen oder mit stetigen (kontinuierlichen) Variablen.

in diskreter Zeit: Der Wert der Variablen darf sich nur zu dezidierten, fixierten Zeitpunkten ändern.
in stetiger Zeit: Änderungen können immer erfolgen.

mit diskreten Variablen: Die zugrunde liegende Variable darf ausschließlich endlich viele Werte innerhalb eines festgesetzten Bereichs annehmen.
mit stetigen Variablen: Die Variable kann jeden Wert innerhalb eines bestimmten Bereichs einnehmen.

Stochastische Prozesse

---

[1] vergleiche folgende Werke:
Rommelfanger, Heinrich: Mathematik für Wirtschaftswissenschaftler. Band 3,
Differenzengleichungen, Differentialgleichungen, Wahrscheinlichkeitstheorie, Stochastische Prozesse,
München: Spektrum 2006, S. 245, 248.
Hull, John C.: Optionen, Futures und andere Derivate. a.a.O., S. 326 f.
[2] Wikipedia: Stochastischer Prozess, online im Internet: URL:
http://de.wikipedia.org/wiki/Stochastischer_Prozess [Stand: 2008-01-01, 22:15].

Ein Ziel dieses Kapitels ist für den Aktienpreis einen sehr gut passenden stochastischen Prozess mit stetigen Variablen in stetiger Zeit zu entwickeln. Obwohl in der Realität ein solcher Prozess mit stetigem Wertebereich in stetiger Zeit bei Aktienkursen keineswegs beobachtet werden kann, weil Aktienpreise bekanntlich auf diskrete Werte, zum Beispiel auf das Vielfache eines Cents, beschränkt sind und sich nur ändern können, wenn die Börse geöffnet hat, setzt man trotzdem einen stochastischen Prozess mit stetigen Variablen in stetiger Zeit für die Entwicklung der Aktienkurse voraus.

<u>Markov–Prozess</u> [3]

Definition (8): „Ein Markov–Prozess ist ein spezieller stochastischer Prozess, bei welchem nur der aktuelle Wert einer Variablen für die Prognose der zukünftigen Entwicklung relevant ist. Die vergangenen bzw. historischen Werte der Variablen sowie die Art und Weise, wie der aktuelle Wert entstanden ist, sind nicht von Bedeutung.

Die Markov–Eigenschaft besagt, dass die Wahrscheinlichkeitsverteilung des Kurses zu irgendeinem zukünftigen Zeitpunkt nicht von dem Kursverlauf in der Vergangenheit abhängig ist." [4]

Am leichtesten finde ich Zugang zum Markov–Prozess, indem ich behaupte, dass ein solcher Prozess keine Merkfähigkeit hat, da jeder weitere Verlauf allein von dem aktuellen Wert und nicht auch von den vorherigen Werten abhängt. Eine nahezu überall anerkannte Annahme ist nun, dass Aktienkurse durch einen Markov–Prozess beschrieben werden. Folgendes Beispiel: Die Aktie der Voestalpine AG (ATX) steht derzeit (2008–01–02) bei ungefähr 50 €. Wenn der Preis der Aktie also tatsächlich einem Markov–Prozess folgt, sollten die Schätzungen für die Zukunft nicht vom Kurs vor fünf Wochen, vor drei Monaten oder vor zwei Jahren beeinflusst werden, sondern wesentlich ist die Tatsache, dass die Aktie heute einen Preis von 50 € hat. Per Definition (8) sind historische Werte [...] zwar nicht von Bedeutung, aber statistische Eigenschaften der Vergangenheit des Aktienkurses der Voestalpine AG sind selbstverständlich für die Festlegung von Eigenschaften des Prozesses, den die Aktie befolgt (z.B. Volatilität!), zweckdienlich.

Die Markov–Eigenschaft stimmt mit der schwachen Form der Kapitalmarkteffizienz überein, die angibt, dass der gegenwärtige Preis einer Aktie die gesamte Information der Kurse der Vergangenheit widerspiegelt.

3.2. Wiener–Prozesse [5]

Im Fokus steht eine Variable, die einem Markov–Prozess folgt. Dazu nimmt man zum Beispiel an, dass ihr derzeitiger Wert bei 20 liegt und die Änderung des Wertes in einem Jahr durch N(0;1) [6] beschrieben wird. Die Frage ist nun: Welche Gestalt hat die Wahrscheinlichkeitsverteilung der Wertänderung der Variablen für vier Jahre?

---

[3] Um Verwirrungen auszuschließen sei die Tatsache kurz erwähnt, dass man einen Markov-Prozess manchmal auch Markov-Kette nennt.

[4] Hull, John C.: Optionen, Futures und andere Derivate. a.a.O., S. 326.

[5] vergleiche folgende Werke:

Hull, John C.: Optionen, Futures und andere Derivate. a.a.O., S. 327-331.

Rommelfanger, Heinrich: Mathematik für Wirtschaftswissenschaftler. a.a.O., S. 284 f.

[6] $N(\mu;\sigma)$ ist die Normalverteilung mit Erwartungswert μ und Standardabweichung σ (Varianz σ^2).

Die Änderung des Wertes innerhalb von vier Jahren ist die Summe von vier Normalverteilungen mit $\mu = 0$ und $\sigma = 1{,}0$. Wie gesagt, folgt die Variable einem Markov–Prozess, sie besitzt also die Markov–Eigenschaft, daher hängen die beiden Wahrscheinlichkeitsverteilungen voneinander nicht ab. Wenn man nun vier eigenständige Normalverteilungen addiert, ergibt sich als Ergebnis eine Normalverteilung, deren Erwartungswert die Summe der Erwartungswerte und deren Varianz die Summe der Varianzen ist. $\mu = 0$ und $\sigma^2 = 1{,}0 \rightarrow \mu = 0$ und $\sigma^2 = 4{,}0 \rightarrow N(0; \sqrt{4}\,)$

Allgemein: Die Wahrscheinlichkeitsverteilung der Änderung in einem Zeitraum T ist $N(0; \sqrt{T}\,)$. Für einen sehr kurzen Zeitraum Δt ergibt sich die Verteilung $N(0; \sqrt{\Delta t}\,)$. Die Zweifelhaftigkeit bezüglich des zukünftigen Wertes einer Variablen, die mittels der Standardabweichung gemessen wird, steigt also mit der Quadratwurzel des Zeitraums.

Wichtig ist zu erkennen, dass die Wurzeln unbedingt notwendig sind, da die Varianzen von Änderungen in aufeinander kommenden Zeitabschnitten für Markov–Prozesse additiv sind, was aber für die Standardabweichungen nicht gilt.

Man sagt nun, der Prozess, dem die gerade beobachtete Variable folge, sei ein Wiener–Prozess. Es handelt sich demnach um einen speziellen Markov–Prozess mit einer erwarteten Änderung von 0 und einer Varianz der Änderung von 1,0 pro Jahr.

Der Wiener–Prozess, der oftmals als Brownsche Bewegung geläufig ist, ist nach dem amerikanischen Mathematiker Norbert Wiener benannt. Der Wiener–Prozess heißt deshalb auch Brownsche Bewegung, weil er in der Physik zur Beschreibung der Bewegung von Teilchen genutzt wird, welche einer Unzahl kleiner molekularer Stöße ausgeliefert sind.

Definition (9): „Formal ausgedrückt, folgt eine Variable z einem Wiener–Prozess, wenn sie folgende zwei Eigenschaften erfüllt:

Eigenschaft 1. Die Änderung Δz in einem kleinen Zeitraum Δt beträgt

$$\Delta z = \varepsilon \sqrt{\Delta t}\,,$$

wobei ε der Standardnormalverteilung [N(0;1)] unterliegt.

Eigenschaft 2. Für zwei beliebige kleine Zeitintervalle Δt sind die Werte von Δz unabhängig." [7]

Welche Erkenntnis kann man aus der Eigenschaft 1 ziehen?

Δz ist normalverteilt mit: $\quad \mu$ von $\Delta z = 0$ und σ^2 von $\Delta z = \Delta t$ bzw. σ von $\Delta z = \sqrt{\Delta t}$

Die Eigenschaft 2 bringt mit sich, dass die Variable z die Markov–Eigenschaft aufweist, da eben für zwei beliebig kleine Zeitintervalle die Werte von Δz unabhängig sind.

Der Wertanstieg von z über einen relativ langen Zeitraum T beträgt: $z(T) - z(0)$; Man kann diesen Anstieg aber auch in x kleinere Zeitintervalle der Länge Δt teilen, sodass die Addition aller kleinen Zeitintervalle wieder $z(T) - z(0)$ ergibt: $x = \dfrac{T}{\Delta t} \rightarrow z(T) - z(0) = \displaystyle\sum_{i=1}^{x} \varepsilon_i \sqrt{\Delta t}$, wobei die ε_i mit $(i = 1,2,3,...,x)$ standardnormalverteilt sind.

Per Definition (9) Eigenschaft 2 eines Wiener–Prozesses folgt, die ε_i seien voneinander unabhängig. Aus $z(T) - z(0) = \displaystyle\sum_{i=1}^{x} \varepsilon_i \sqrt{\Delta t}$ resultiert, dass z(T) – z(0) (Δz) normalverteilt ist mit:

---

[7] Hull, John C.: Optionen, Futures und andere Derivate. a.a.O., S. 328.

μ von $[z(T) - z(0)] = 0$ und σ^2 von $[z(T) - z(0)] = \Delta t \cdot x = T$ bzw. σ von $[z(T) - z(0)] = \sqrt{T}$

Weiter oben habe ich postuliert, dass die Wahrscheinlichkeitsverteilung der Änderung in einem Zeitraum T $N(0; \sqrt{T})$ sei. Dies steht nun in Übereinstimmung mit den soeben gezeigten Überlegungen.

Allgemeiner Wiener–Prozess

Der zuvor dargelegte einfache Wiener–Prozess „dz"[8] hatte eine mittlere Änderung pro Zeiteinheit (Drift) von 0 und eine Varianz pro Zeiteinheit (Varianzrate) von 1,0. Das heißt, dass der Erwartungswert von z zu jedem Zeitpunkt in der Zukunft gleich seinem jetzigen Wert ist und die Varianz der Änderung von z folglich in einem Zeitraum T gleich T ist.

Definition (10): „Ein allgemeiner Wiener–Prozess für eine Variable x kann mithilfe von dz nun wie folgt definiert werden: $dx = a \cdot dt + b \cdot dz$, wobei a und b Konstanten sind." [9]

In dieser so genannten Differentialgleichung vom Wiener–Typ steht der erste Summand für die erwartete Veränderung des Prozesses und der zweite Summand kann als die Störvariable des Prozesses interpretiert werden.

1. Summand $a \cdot dt$: $dx = a \cdot dt \rightarrow$ Integration $\int dx = \int a \cdot dt$ führt zu $x(t) = a \cdot t + c_0$ mit c_0 als Wert von x zum Zeitpunkt 0. Daraus folgere ich, dass es sich um eine lineare Funktion handelt mit Steigung a und einem gegebenen Startwert c_0.

2. Summand $b \cdot dz$: „kann als zusätzliche Interferenz oder Streuung auf dem von x zurückgelegten Weg angesehen werden. Die Höhe der Interferenz oder Streuung ist das b–fache eines Wiener–Prozesses." [10]
   Bekanntlich besitzt ein Wiener–Prozess eine Standardabweichung von 1,0, demzufolge hat das b–fache eines Wiener–Prozesses eine Standardabweichung von b.

In diskreter Form (in einem kleinen Zeitintervall Δt) ist die Änderung Δx von x:
$$\Delta x = a \cdot \Delta t + b \cdot \varepsilon \cdot \sqrt{\Delta t} \quad (\varepsilon \ldots \text{Standardnormalverteilung})$$
μ von $\Delta x = a \cdot \Delta t$
σ^2 von $\Delta x = b^2 \cdot \Delta t$ $\qquad\qquad\qquad$ σ von $\Delta x = b \cdot \sqrt{\Delta t}$

Für ein beliebiges Zeitintervall T resultiert letztlich eine Normalverteilung mit:
Erwartungswert μ der Änderung in $\qquad x = a \cdot T$
Varianz σ^2 der Änderung in $\qquad\quad x = b^2 \cdot T$
Standardabweichung σ der Änderung in $\quad x = b \cdot \sqrt{T}$

Der allgemeine Wiener–Prozess ($dx = a \cdot dt + b \cdot dz$) hat somit eine erwartete Driftrate[11] von a und eine Varianzrate[12] von b^2.

---

[8] Der Wiener-Prozess „dz" hat dieselben Eigenschaften des betrachteten Δz für den Grenzübergang $\Delta t \rightarrow 0$, also $dz = \varepsilon \sqrt{dt}$.

[9] Hull, John C.: Optionen, Futures und andere Derivate. a.a.O., S. 330.

[10] Ebd., S. 330.

[11] Die Driftrate ist der durchschnittliche Zuwachs einer Zufallsvariablen pro Zeiteinheit.

[12] Unter der Varianzrate versteht man die Varianz pro Zeiteinheit.

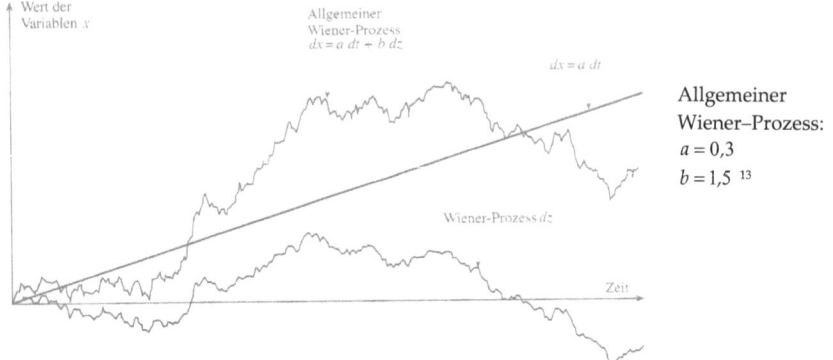

Allgemeiner
Wiener–Prozess:
$a = 0,3$
$b = 1,5$ [13]

3.3. Itôs Lemma [14]

Es liegt nahe, dass die Parameter a und b im Zeitablauf nicht immer konstant bleiben, sondern Funktionen der zugrunde liegenden Variablen x und der Zeit t sind.

Definition (11): Sind die Parameter a und b nicht konstant (sie können also im Laufe der Zeit Änderungen erfahren), sondern von x und t abhängig; gilt also die Beziehung: $dx = a(x,t) \cdot dt + b(x,t) \cdot dz$, so spricht man von einem Itô–Prozess. [15]

Dem Mathematiker Kiyosi Itô gelang es 1951, ein wichtiges Ergebnis auf dem Gebiet der stochastischen Analysis zu entdecken, das Itôs Lemma genannt wird.

„Angenommen, der Wert einer Variablen x folgt dem Itô–Prozess: $dx = a(x,t) \cdot dt + b(x,t) \cdot dz$, wobei dz ein Wiener–Prozess ist und a und b jeweils Funktionen von x und t darstellen. Die Variable x hat die Drift a und die Varianz b^2.

Itôs Lemma zeigt, dass eine Funktion G von x und t dem Prozess $dG = \left(\frac{\partial G}{\partial x} \cdot a + \frac{\partial G}{\partial t} + \frac{1}{2} \cdot \frac{\partial^2 G}{\partial x^2} \cdot b^2 \right) \cdot dt + \frac{\partial G}{\partial x} \cdot b \cdot dz$ folgt, wobei dz derselbe Wiener–Prozess wie in Gleichung [$dx = a(x,t) \cdot dt + b(x,t) \cdot dz$] ist. Daher folgt G ebenfalls einem Itô–Prozess. Dieser hat die Drift $\frac{\partial G}{\partial x} \cdot a + \frac{\partial G}{\partial t} + \frac{1}{2} \cdot \frac{\partial^2 G}{\partial x^2} \cdot b^2$ und eine Varianz $\left(\frac{\partial G}{\partial x} \right)^2 \cdot b^2$." [16]

Wozu benötigt man nun Itôs Lemma? Ich möchte folgende Interpretation des Lemmas von Itô formulieren: Ich halte nochmals fest, dass es den stochastischen Prozess $dx = a(x,t) \cdot dt + b(x,t) \cdot dz$ gibt, den die Variable x selbst befolgt und ferner den soeben postulierten stochastischen Prozess $dG = \left(\frac{\partial G}{\partial x} \cdot a + \frac{\partial G}{\partial t} + \frac{1}{2} \cdot \frac{\partial^2 G}{\partial x^2} \cdot b^2 \right) \cdot dt + \frac{\partial G}{\partial x} \cdot b \cdot dz$, dem die Funktion G der Variablen folgt. Ich merke mir, dass der stochastische Prozess, dem die

---

[13] Hull, John C.: Optionen, Futures und andere Derivate. a.a.O., S. 331.

[14] vergleiche: Ebd., S. 331 f, 336 f, 339.

[15] vergleiche: Rommelfanger, Heinrich: Mathematik für Wirtschaftswissenschaftler. a.a.O., S. 285.

[16] Hull, John C.: Optionen, Futures und andere Derivate. a.a.O., S. 336 f.

Funktion G der Variablen folgt, aus dem stochastischen Prozess, den die Variable x selbst befolgt, entstanden ist (siehe Herleitung). Durch das „Werkzeug" Itôs Lemma kann ich also den stochastischen Prozess, dem die Funktion einer Variablen „gehorcht", aus dem stochastischen Prozess, den die Variable selbst befolgt, bestimmen.

Eine wichtige Kernaussage, die ich nochmalig hervorheben möchte, steckt in dem oben stehenden Zitat, nämlich, dass der Wiener–Prozess dz in $dx = a(x,t) \cdot dt + b(x,t) \cdot dz$ und $dG = \left(\frac{\partial G}{\partial x} \cdot a + \frac{\partial G}{\partial t} + \frac{1}{2} \cdot \frac{\partial^2 G}{\partial x^2} \cdot b^2 \right) \cdot dt + \frac{\partial G}{\partial x} \cdot b \cdot dz$ exakt derselbe Wiener–Prozess ist. Diese Feststellung impliziert, dass beide Prozesse derselben zugrunde liegenden Quelle der Ungewissheit ausgeliefert sind.

Herleitung des Lemmas von Itô [17]

Mir ist es ein Anliegen Itôs Lemma herzuleiten, weil man die Grundidee kennen sollte, die sicherlich zu einem besseren Verständnis beiträgt; auf einen Beweis möchte ich hingegen verzichten.

Im Mittelpunkt der Herleitung steht eine stetige, differenzierbare Funktion G einer Variablen x. Ist nun Δx eine geringfügige Änderung in x und ΔG die daraus entstehende minimale Änderung von G, so weiß man aus der Differentialrechnung, dass $\Delta G \approx \frac{dG}{dx} \cdot \Delta x$ (1) ist. Es handelt sich hierbei lediglich um das 1. Glied einer Taylorreihe. Dies allein würde einen hohen „Tracking–Error" aufweisen, deshalb ist es günstig eine Taylorreihenentwicklung von ΔG anzufertigen, um eine größere Genauigkeit zu erzielen:

$$\Delta G = \frac{dG}{dx} \cdot \Delta x + \frac{1}{2} \cdot \frac{d^2 G}{dx^2} \cdot \Delta x^2 + \frac{1}{6} \cdot \frac{d^3 G}{dx^3} \cdot \Delta x^3 + \frac{1}{24} \cdot \frac{d^4 G}{dx^4} \cdot \Delta x^4 + ... \quad (2).$$

G ist nun eine stetige und differenzierbare Funktion zweier Variablen x und y, das Analogon zu Gleichung (1) lautet also: $\Delta G \approx \frac{\partial G}{\partial x} \cdot \Delta x + \frac{\partial G}{\partial y} \cdot \Delta y$ (3) → Taylorreihenentwicklung von ΔG:

$$\Delta G = \frac{\partial G}{\partial x} \cdot \Delta x + \frac{\partial G}{\partial y} \cdot \Delta y + \frac{1}{2} \cdot \frac{\partial^2 G}{\partial x^2} \cdot \Delta x^2 + \frac{\partial^2 G}{\partial x \cdot \partial y} \cdot \Delta x \cdot \Delta y + \frac{1}{2} \cdot \frac{\partial^2 G}{\partial y^2} \cdot \Delta y^2 + ... \quad (4).$$

Für Grenzübergang $\Delta x \to 0$ und $\Delta y \to 0$ resultiert aus (4): $dG = \frac{\partial G}{\partial x} \cdot dx + \frac{\partial G}{\partial y} \cdot dy$ (5).

Man muss jetzt einen Itô–Prozess einbauen, aus diesem Grund wird (5) erweitert, um Funktionen von Variablen, welche Itô–Prozesse folgen, zu implizieren. Dazu nimmt man an, dass die Variable x dem Itô–Prozess $dx = a(x,t) \cdot dt + b(x,t) \cdot dz$ (6) folgt und G eine Funktion von x und der Zeit t ist. In Gleichung (4) ist bereits eine Taylorreihenentwicklung für zwei Variable durchgeführt worden, jetzt muss man nur statt y die passende Variable t einbauen:

$$\Delta G = \frac{\partial G}{\partial x} \cdot \Delta x + \frac{\partial G}{\partial t} \cdot \Delta t + \frac{1}{2} \cdot \frac{\partial^2 G}{\partial x^2} \cdot \Delta x^2 + \frac{\partial^2 G}{\partial x \cdot \partial t} \cdot \Delta x \cdot \Delta t + \frac{1}{2} \cdot \frac{\partial^2 G}{\partial t^2} \cdot \Delta t^2 + ... \quad (7).$$

Diskretisierung von (6) führt zu: $\Delta x = a(x,t) \cdot \Delta t + b(x,t) \cdot \varepsilon \cdot \sqrt{\Delta t}$; in kürzerer Form: $\Delta x = a \cdot \Delta t + b \cdot \varepsilon \cdot \sqrt{\Delta t}$ (8), wenn man die Argumente außer Acht lässt.

Diese Gleichung (8) weist einen nicht belanglosen Unterschied zwischen der Position in Gleichung (7) und der Lage in Gleichung (4) auf. Beim Grenzübergang von (4) zu (5) wurden

---

[17] vergleiche: Hull, John C.: Optionen, Futures und andere Derivate. a.a.O., S. 343 f.

Terme in Δx^2 vernachlässigt, da sie von zweiter Ordnung waren. Quadriert man die Gleichung (8), so ergibt sich: $\Delta x^2 = Terme\ höherer\ Ordnung\ in\ \Delta t + b^2 \cdot \varepsilon^2 \cdot \Delta t$ (9).

Man darf den Term, der Δx^2 in Gleichung (7) enthält, auf gar keinen Fall vernachlässigen, weil er eine Komponente der Ordnung Δt enthält.

Die Varianz σ^2 der Standardnormalverteilung ist 1,0 $\rightarrow$ $E(\varepsilon^2) - [E(\varepsilon)]^2 = 1$ [18], wobei E der Erwartungswert ist. Ich verweise auf den Verschiebungssatz:

$$\sigma^2 = E\left[(X - E(X))^2\right] = E(X^2) - [E(X)]^2.\ [19]$$

Folgender Vorgang: $E(\varepsilon^2 \cdot \Delta t) = E(\varepsilon^2) \cdot \Delta t = \Delta t$ $\rightarrow$ Der Erwartungswert von $\varepsilon^2 \cdot \Delta t$ ist aufgrund dieser Rechenregel Δt. Ich verzichte auf den Beweis, dass die Varianz von $\varepsilon^2 \cdot \Delta t$ von der Ordnung Δt^2 ist. Wenn nun $\Delta t \to 0$ strebt, so kann man $\varepsilon^2 \cdot \Delta t$ so behandeln, als wäre der Term nicht stochastisch und gleich seinem Erwartungswert Δt. Aus Gleichung (9) folgt, dass Δx^2 also nicht stochastisch wird, aufgrund dieser Tatsache ergibt sich aus Gleichung (9) der Wert $b^2 \cdot \Delta t$, vorausgesetzt, dass Δt gegen 0 strebt. Verknüpft man diese Erkenntnis mit dem Grenzübergang, wenn Δx und Δt in Gleichung (7) gegen 0 streben, so erhält man ITÔS LEMMA: $dG = \dfrac{\partial G}{\partial x} \cdot dx + \dfrac{\partial G}{\partial t} \cdot dt + \dfrac{1}{2} \cdot \dfrac{\partial^2 G}{\partial x^2} \cdot b^2 \cdot dt$

Letztlich setzt man für dx nur mehr den Itô–Prozess laut Gleichung (6) [$dx = a \cdot dt + b \cdot dz$] ein:

$$dG = \frac{\partial G}{\partial x} \cdot a \cdot dt + \frac{\partial G}{\partial x} \cdot b \cdot dz + \frac{\partial G}{\partial t} \cdot dt + \frac{1}{2} \cdot \frac{\partial^2 G}{\partial x^2} \cdot b^2 \cdot dt$$

Als letzter „Schliff" der Herleitung lässt sich dt herausheben:

$$dG = \left(\frac{\partial G}{\partial x} \cdot a + \frac{\partial G}{\partial t} + \frac{1}{2} \cdot \frac{\partial^2 G}{\partial x^2} \cdot b^2 \right) \cdot dt + \frac{\partial G}{\partial x} \cdot b \cdot dz$$

3.4. Der Prozess für Aktienpreise als geometrische Brownsche Bewegung [20]

Kurse von Aktien sind bekanntlich ungewisse, riskante, von zufälligen Gegebenheiten bestimmte Größen, weil man davon ausgeht, dass zufällig verteilte Informationen für das Erscheinen von Aktienkursänderungen verantwortlich sind.

Prinzipiell stellt sich die Frage, ob es überhaupt möglich ist Aktienpreise zu modellieren, und wenn dies im Bereich des Machbaren ist, mit welchen Parametern ein derartiger Aktienkurs beschrieben werden kann. Ich werde in diesem Kapitel den Prozess vorstellen, der im Black–Scholes–Merton–Modell angenommen wird, wobei ich bewusst jegliche Kritik am Prozess und am Modell zunächst unterlassen werde. Erst im letzten Kapitel möchte ich versuchen, das Modell mit seinen Facetten kritisch zu beurteilen.

---

[18] $E(\varepsilon) = 0$ und $E(\varepsilon^2) = 1$.

[19] vergleiche: Bosch, Karl: Elementare Einführung in die Wahrscheinlichkeitsrechnung. Mit 82 Beispielen und 73 Übungsaufgaben mit vollständigem Lösungsweg, Wiesbaden: Vieweg ^{9}2006, S. 70.

[20] vergleiche folgende Werke:

Rommelfanger, Heinrich: Mathematik für Wirtschaftswissenschaftler. a.a.O., S. 286-290.

Hull, John C.: Optionen, Futures und andere Derivate. a.a.O., S. 332-334, 336-338.

Rank, Jörn: Econophysics. Vorlesungsreihe im Rahmen der IX. Heidelberger Graduiertenkurse Physik an der Universität Heidelberg, Vorlesung 2: Stochastische Prozesse und Black-Scholes Gleichung, online im Internet: URL: http://www.d-fine.biz/deutsch/Bibliothek/Vorlesungen/vl_jra_stoch_BS.pdf [Stand: 2008-01-10, 16:00], Heidelberg: 2002, S. 41.

Zuerst zurück zur Frage: Welche Parameter beinhaltet der Prozess für Aktienkurse? Zwei Parameter finden im Prozess Verwendung, nämlich μ und σ. Meine „Standarderklärung" bezüglich des Parameters μ lautet meistens, dass μ die erwartete Rendite sei, die ein Anleger fordere. Präziser formuliert sagt man, μ sei die erwartete stetig verzinste Rendite, die der Investor erzielt. Der Hausverstand macht deutlich, dass, wenn ein Anleger stärkeren Risiken ausgesetzt ist, er folglich eine höhere erwartete Rendite fordert. Der Wert von μ liegt also dem Teil des Risikos zugrunde, den der Investor nicht durch Aufteilung der Risiken diversifizieren kann. Ferner hängt μ nicht nur vom Risiko, sondern auch vom Zinsniveau ab. Logischerweise gilt die Beziehung: Je höher der risikolose Zinssatz ist, desto höher ist die erwartete Rendite, die für eine Aktie gefordert wird.

Dass der Wert eines von einer Aktie abhängigen Derivats im Allgemeinen völlig unabhängig von μ ist, habe ich bereits im Kapitel „Bestimmungsfaktoren" erwähnt (bei der Herleitung der Black–Scholes–Merton–Differentialgleichung wird sich zeigen: „μ streicht sich weg"). Dies ist ein großer Vorteil des Modells, da man sich nicht mit der Bestimmung des meines Erachtens ungemein subjektiven μ beschäftigen muss.

Von äußerst heikler Relevanz für die Berechnung des Wertes der meisten Derivate ist hingegen der Parameter σ, die bereits erklärte Volatilität des Aktienkurses. Sie ist eindeutig übereingestimmt mit der Standardabweichung der stetig verzinsten Aktienrendite über ein Jahr. Eine Methode die Volatilität zu ermitteln werde ich im nächsten Kapitel zeigen. Bei sehr vielen Aktien liegt der Wert von σ zwischen 15% und 55%.

Das zu entwerfende Modell muss folgenden Eigenschaften von Aktienpreisen nachkommen:
- $\rightarrow$ Man kann davon ausgehen, dass die Aktie mit einer Wahrscheinlichkeit von 1 das Preisniveau 0 nie erreichen wird.
- $\rightarrow$ Der Kurs der Aktie ist unsicher.
- $\rightarrow$ Weil die Aktienkursrealisationen stetig in der Zeit sind, sind die Kursänderungen in kurzen Zeitabständen minimal.
- $\rightarrow$ Die Aktienrendite weist mit längeren Zeitabständen eine positive Tendenz auf.
- $\rightarrow$ Die Unsicherheitskomponente – die Volatilität – steigt im Laufe der Zeit an.

Bemerkung: Bis auf weiteres spreche ich ausschließlich von dividendenlosen Aktien. Wenn man nämlich weiß, wie man den fairen europäischen Call– und Put–Preis anhand des Black–Scholes–Merton–Modells auf Aktien ohne Dividende berechnet, dann lassen sich Dividenden ohne große Mühe in die so genannten Bewertungsformeln einbauen.

„Der allgemeine Wiener–Prozess [...] eignet sich selbst weniger als Aktienkursmodell, da er zum einen negative Aktienkurse zulassen würde, zum anderen die lokale Variabilität größer ist, wenn der Kurs selbst sich auf hohem Niveau bewegt. Daher wird in einem allgemeinen Ansatz der Börsenkurs [...] einer Aktie als Itô–Prozess modelliert"[21] :
$dS = \mu(S,t) \cdot dt + \sigma(S,t) \cdot dz$, wobei ich die Aktienpreise zum Zeitpunkt t mit S bezeichne, μ die erwartete Rendite, σ die Standardabweichung und z einen Wiener–Prozess verkörpert.

Die Funktionen $\mu(S,t)$ und $\sigma(S,t)$ sollen einfacher werden, sonst kann man nur sehr schwer bis gar nicht Aktienpreise modellieren. Dies gelingt durch folgende Überlegung:

Die Rendite einer Aktie, die den prozentuellen Zuwachs des investierten Geldes darstellt, ist völlig unabhängig vom derzeitigen Aktienkurs und von der Währungseinheit. Um einiges

[21] Franke, Jürgen; Härdle, Wolfgang; Hafner, Christian: Einführung in die Statistik der Finanzmärkte, online im Internet: URL: http://www.quantlet.com/mdstat/scripts/sfm/pdf/sfm.pdf [Stand: 2008-01-13, 21:18], S. 63.

näher liegt die Vermutung, die mittlere Rendite sei proportional zur Dauer des Investitionszeitraumes:

$$\frac{E[dS]}{S} = \frac{E[S_T - S]}{S} = \mu \cdot dt\,,$$ wobei S_T bzw. S der Aktienpreis am Ende bzw. Anfang des betrachteten Anlagezeitraums, und μ die erwartete Aktienrendite ist.

Weil der Erwartungswert eines Wiener–Prozesses $E[dz] = 0$ beträgt, ist die Bedingung $\frac{E[dS]}{S} = \frac{E[S_T - S]}{S} = \mu \cdot dt$ bei bekanntem Ausgangskurs S erfüllt, wenn $\mu(S, t) = \mu \cdot S$ gilt.

Diese Annahme wurde durchaus geschickt gewählt, da man davon ausgeht, dass der erwartete Anstieg vom Aktienkurs S in einem infinitesimal kleinen Zeitintervall dt gleich $\mu \cdot S \cdot dt$ ist. Wenn die Volatilität immer 0 ist, ergibt sich:

$$dS = \mu \cdot S \cdot dt \rightarrow \text{Integration über Investitionszeitraum} \rightarrow \int_0^T \frac{dS}{S} = \int_0^T \mu \cdot dt \rightarrow \ln\left(\frac{S_T}{S_0}\right) = \mu \cdot T - \mu \cdot 0$$

$$\rightarrow S_T = S_0 \cdot e^{\mu \cdot T}$$ mit S_0 und S_T zum Zeitpunkt 0 beziehungsweise T. Bei einer Varianz von 0 steigt demnach der Aktienkurs mit stetiger Rate μ pro Zeiteinheit.

In der Wirklichkeit kann man von einer derartigen Gegebenheit keinesfalls sicher ausgehen; der Aktienkurs wird nämlich von der Gleichung abweichen. Darum fügt man den zweiten Summanden hinzu, der als Interferenz/Schwankung (die Volatilität) interpretiert wird.

„Da die absolute Größe der Kursschwankungen sich proportional ändert, wenn der Kurs in einer anderen Währungseinheit gemessen wird, kann man analog zu $[\mu(S, t) = \mu \cdot S]$ setzen: $\sigma(S, t) = \sigma \cdot S$." [22]

Auch diese Annahme lässt sich durch Logik rechtfertigen: Die Variabilität der Aktienrendite in einem infinitesimal kleinen Zeitraum dt ist unabhängig vom Aktienpreis andauernd kongruent, d.h., dass ein Investor über die Aktienrendite bei einem Aktienpreis von 100 € dieselbe Ungewissheit wie bei einem Aktienkurs von 40 € „trägt". Deshalb ist die Behauptung, die Standardabweichung der Änderung sei in einem infinitesimal kleinen Betrachtungszeitraum dt proportional zum Aktienkurs, durchaus vernünftig.

Definition (12): Der Aktienpreis S zum Zeitpunkt t (t ≥ 0) lässt sich als Ergebnis der stochastischen Differentialgleichung $dS = \mu \cdot S \cdot dt + \sigma \cdot S \cdot dz$ modellieren. Dieser entworfene stochastische Prozess für Kurse auf dividendenlose Aktien heißt geometrische Brownsche Bewegung.

Wandelt man das Modell für diskrete Zeitpunkte um, so ergibt sich:

$$\frac{\Delta S}{S} = \mu \cdot \Delta t + \sigma \cdot \varepsilon \cdot \sqrt{\Delta t} \quad (\mu \text{ und } \sigma \text{ sind konstant})$$

Der Ausdruck $\frac{\Delta S}{S}$ stellt die Aktienrendite innerhalb eines kurzen Zeitintervalls Δt dar, der Summand $\mu \cdot \Delta t$ entspricht dem Erwartungswert der Aktienrendite und $\sigma^2 \cdot \Delta t$ ist die Varianz der Rendite. Dies erklärt übrigens die Beschaffenheit der Volatilität: σ ist dementsprechend aufgebaut, dass $\sigma \cdot \sqrt{\Delta t}$ die Standardabweichung der Aktienrendite über einen kurzen Betrachtungszeitraum Δt bezeichnet.

$$\rightarrow \text{Aktienrendite } \frac{\Delta S}{S} \text{ ist normalverteilt: } \frac{\Delta S}{S} = N\left(\mu \cdot \Delta t \;\; ; \;\; \sigma \cdot \sqrt{\Delta t}\right)$$

---

[22] Rommelfanger, Heinrich: Mathematik für Wirtschaftswissenschaftler. a.a.O., S. 287.

Wie ich bereits im Kapitel „Bestimmungsfaktoren" aufgezeigt habe, hängt der Preis einer Option von der Volatilität (Parameter des Underlyings), vom Ausübungspreis und von der Restlaufzeit bzw. dem Verfalltermin (Parameter der speziellen Option), vom risikolosen Zins (Parameter der zugrunde liegenden Währung) und vom aktuellen Aktienkurs ab. Der Preis einer beliebigen Aktienoption ist eine Funktion des Aktienkurses und der Zeit. Im Allgemeinen lässt sich behaupten, dass der Preis eines willkürlichen Derivats eine Funktion mit den Argumenten der dem Derivat zugrunde liegenden stochastischen Variablen und der Zeit ist. Ganz genau diese Kernaussage ist meines Erachtens der „Schlüssel" für das vollständige Verständnis von Itôs Lemma in Bezug auf Optionen: Ich brauche Itôs Lemma um den stochastischen Prozess, den der Optionspreis befolgt, aus dem entwickelten stochastischen Prozess $dS = \mu \cdot S \cdot dt + \sigma \cdot S \cdot dz$ zu bestimmen.

Aus dem Modell für Aktienpreisbewegungen $dS = \mu \cdot S \cdot dt + \sigma \cdot S \cdot dz$ mit konstanten Parametern μ und σ wird also mit Hilfe des Lemmas von Itô der stochastische Prozess konstruiert, den die Funktion $G(S, t)$ (die Funktion G ist der Preis einer Option) befolgt:

$$dG = \left(\frac{\partial G}{\partial S} \cdot \mu \cdot S + \frac{\partial G}{\partial t} + \frac{1}{2} \cdot \frac{\partial^2 G}{\partial S^2} \cdot \sigma^2 \cdot S^2 \right) \cdot dt + \frac{\partial G}{\partial S} \cdot \sigma \cdot S \cdot dz$$

In der Finanzwelt ist es üblich die Rendite als $\ln\left(\frac{S_T}{S_0} \right)$ anzugeben. Mit Hilfe des Lemmas von Itô werde ich nun den Prozess herleiten, dem $\ln(S)$ „gehorcht", wenn S durch den Prozess $dS = \mu \cdot S \cdot dt + \sigma \cdot S \cdot dz$ modelliert wird. Für dieses Ziel setze ich $G = \ln(S)$:

$$\frac{\partial G}{\partial t} = 0 \qquad \frac{\partial G}{\partial S} = \frac{1}{S} \qquad \frac{\partial^2 G}{\partial S^2} = -\frac{1}{S^2} \quad \longrightarrow \quad dG = \left(\mu - \frac{1}{2} \cdot \sigma^2 \right) \cdot dt + \sigma \cdot dz$$

Weil μ und σ Konstanten sind, folgt der Logarithmus des Aktienkurses einem allgemeinen Wiener–Prozess mit Drift $\mu - \frac{1}{2} \cdot \sigma^2$ und der Varianz σ^2. Betrachtet man nun die Änderung in G zwischen 0 und T (zukünftige Zeitpunkt), so ergibt sich eine Normalverteilung:

$$\ln(S_T) - \ln(S_0) = N\left[\left(\mu - \frac{1}{2} \cdot \sigma^2 \right) \cdot T \ ; \ \sigma \cdot \sqrt{T} \right] \rightarrow \ln(S_T) = N\left[\ln(S_0) + \left(\mu - \frac{1}{2} \cdot \sigma^2 \right) \cdot T \ ; \ \sigma \cdot \sqrt{T} \right]$$

Eine Variable weist eine Lognormalverteilung auf, wenn der natürliche Logarithmus der Variablen normalverteilt ist. Das hier vorgestellte Modell für Aktienpreise zeigt demzufolge, dass der Kurs einer Aktie zum zukünftigen Zeitpunkt T bei vorgegebenem, aktuellem Aktienpreis lognormalverteilt ist.

Abschließend möchte ich eine explizite Formel angeben, anhand derer man Kursänderungen in einem bestimmten Zeitraum berechnen kann:

$$\ln\left(\frac{S_T}{S_0} \right) = \left(\mu - \frac{1}{2} \cdot \sigma^2 \right) \cdot T + \sigma \cdot \varepsilon \cdot \sqrt{T} \longrightarrow S_T = S_0 \cdot e^{\left(\mu - \frac{1}{2} \sigma^2 \right) \cdot T + \sigma \cdot \varepsilon \cdot \sqrt{T}}$$

Zusammenfassung Kapitel 3

Für die Modellierung von Aktienpreisen verwendet man also die geometrische Brownsche Bewegung. Bei dieser handelt es sich um einen stochastischen Prozess, bei dem die Aktienrendite in einem kleinen Zeitraum normalverteilt ist und die Aktienrenditen zweier nicht überschneidender Zeiträume voneinander völlig unabhängig sind ($\rightarrow$ Markov). Ferner habe ich gezeigt, dass der Aktienkurs zu einem zukünftigen Zeitpunkt lognormalverteilt ist.

4. Black-Scholes-Merton-Modell

Gerade im wichtigsten Kapitel ist es notwendig einen Überblick zu bewahren. Deswegen verweise ich auf nachstehende Fragen:

→ Welche Hypothesen beziehungsweise Voraussetzungen liegen dem Black-Scholes-Merton-Modell zugrunde?

→ Was ist das Ziel, die Idee und der Ansatz für die Herleitung der Black-Scholes-Merton-Differentialgleichung? Inwiefern spielt das „Delta-Hedging" und das „No-Arbitrage-Prinzip" eine Rolle? Wie lautet die Differentialgleichung? Ist sie für alle Derivate gültig?

→ Welche Idee verfolgt man in Hinblick auf die Lösung der Black-Scholes-Merton-Differentialgleichung für europäische Aktienoptionen? Wie ergeben sich die Bewertungsformeln für den fairen europäischen Call- und Put-Preis? Wie werden diese interpretiert?

→ Kann man etwaige Dividenden in das Modell implizieren?

→ Wie errechnet man die historische Volatilität und die implizite Volatilität?

4.1. Hypothesen [1]

Das Black-Scholes-Merton-Modell (BSMM) stützt sich auf folgende Annahmen:

BSMM 1: Es existieren weder Steuern noch Transaktions- oder Informationskosten auf dem betrachteten Markt.

BSMM 2: Alle Wertpapiere werden kontinuierlich (stetig) gehandelt, sind ohne Einschränkung teilbar, und Leerverkäufe unter vollständiger Nutzung der resultierenden Einnahmen wie auch Käufe von Wertpapieren sind unbegrenzt möglich.

BSMM 3: Jeder Investor hat den gleichen Marktzugang, d.h. niemand wird bevorzugt bzw. benachteiligt behandelt. Die einzelnen Marktteilnehmer sind der Auffassung, dass die Preise der Wertpapiere unabhängig von ihrer eigenen Disposition sind.

BSMM 4: Es gibt einen bekannten und konstanten risikolosen Zinssatz, zu dem Kapital ad libitum aufgenommen und angelegt werden kann.

BSMM 5: Es gibt keinerlei Dividendenzahlungen während der Laufzeit des Derivats.

BSMM 6: Investoren ziehen ein größeres Vermögen einem kleineren vor.

BSMM 7: Risikolose Arbitragemöglichkeiten sind inexistent. (No-Arbitrage-Prinzip gilt!)

BSMM 8: Das Modell geht von Aktienkursbewegungen gemäß einer geometrisch Brownschen Bewegung aus, d.h. Veränderungen des Aktienpreises werden durch die Differentialgleichung $dS = \mu \cdot S \cdot dt + \sigma \cdot S \cdot dz$ beschrieben, wobei μ und σ konstant sind.

---

[1] vergleiche folgende Werke:
Rommelfanger, Heinrich: Mathematik für Wirtschaftswissenschaftler. a.a.O., S. 296 f.
Hull, John C.: Optionen, Futures und andere Derivate. a.a.O., S. 357.

4.2. Black–Scholes–Merton–Differentialgleichung [2]

Das oberste Ziel soll sein ein vollkommen risikoloses Portfolio zu konstruieren, das aus je einer Position in einer Aktie und in einem Derivat besteht. Anhand des No–Arbitrage–Prinzips ergibt sich, die Rendite aus einem komplett risikolosen Portfolio müsse dem risikolosen Zinssatz entsprechen. Durch diese Überlegung sind Arbitragemöglichkeiten ausgeschlossen. Salopp gesagt, wenn es einem gelingt, die beiden Gedanken vernünftig zusammenzuführen, so erhält man die Black–Scholes–Merton–Differentialgleichung.

Es kann ein derartiges Portfolio erstellt werden, weil der Preis einer Aktie und eines Derivats auf demselben Unsicherheitsfaktor basiert, nämlich den Schwankungen des Aktienkurses. Die Idee ist nun, dass in jedem ganz kurzen Zeitraum der Kurs eines Derivats ideal mit dem Preis des Underlyings (der zugrunde liegenden Aktie) korreliert ist, d.h. man benutzt die positive (bzw. negative) Korrelation eines Derivats und dessen Underlyings. Ein solches risikoloses Portfolio soll also so zusammengestellt werden, dass der Gewinn oder Verlust aus der Derivatposition stets den Gewinn oder Verlust aus der Aktienposition ausgleicht. Auf diese Art und Weise erhält man ein Portfolio, von dem der Gesamtwert am Ende des kurzen Zeitraums gewiss bekannt ist.

Bevor ich den Ansatz und folglich die vollständige Herleitung präsentiere, möchte ich einige Passagen aus der Nobelvorlesung von Myron Scholes zitieren, in der er sich hauptsächlich mit der Frage beschäftigt, in welchem Ausmaß Derivate in den letzten ungefähr 30 Jahren (Stand 1997) „gediehen" und in der Zukunft noch „gediehen" werden. Ich will mich nun dem Teil des Nobelvortrags widmen, in dem Scholes beschreibt, wie er auf seine bahnbrechenden Ergebnisse gekommen ist:

„In the winter of 1969, I agreed to direct the Masters thesis of an MIT graduate student who had garnered a time series of warrant and underlying stock prices and wanted to apply the capital asset pricing model to value the warrants. I read all of the articles relating to warrant pricing in Paul Cootners' book of readings on The Random Character of Stock Prices (1964). One included paper, by Case Sprenkle and dated 1960, seemed the most relevant to me, but Sprenkle used an exogenously determined discount rate to discount the expected terminal value of the warrant to its present value.

What seemed apparent was that the expected return of the warrant could not be constant for each time period because the risk of the warrant changed with changes in the stock price and with changes in time to maturity. [...]

As a result, the expected return on the warrant could not be constant each period if the beta of the stock was constant each period. I thought about using the capital asset pricing model to establish a zero–beta portfolio of common stock and warrants by selling enough shares of common stock per each warrant held each period to create a zero–beta portfolio. Given I could create a zero–beta portfolio, the expected return on the net investment in this portfolio would be equal to the riskless rate of interest." [3]

---

[2] vergleiche folgende Werke:

Hull, John C.: Optionen, Futures und andere Derivate. a.a.O., S. 355-358, 889, 891, 904.

Rank, Jörn: Economphysics. a.a.O., S. 44-52.

Trading Glossary: Capital asset pricing model, online im Internet: URL: http://www.trading-glossary.com/c0039.asp [Stand: 2008-01-30, 10:43].

[3] Scholes, Myron S.: Derivatives in a dynamic environment. Nobel Lecture, December 9, 1997, online im Internet: URL: http://nobelprize.org/nobel_prizes/economics/laureates/1997/scholes-lecture.pdf [Stand: 2008-01-26, 23:14], S. 131 f.

In diesen letzten zwei Sätzen stecken die bereits oben verdeutlichten zwei Kernaussagen, nämlich, ein risikoloses Portfolio zu erstellen, dessen Gewinn oder Verlust aus der Derivatposition und der Aktienposition stets ausgeglichen ist, und das Argument des No–Arbitrage–Prinzips. Es erscheint mir vernünftig einige zitierte Begriffe ganz kurz zu erklären, wobei ich sogleich vorweg nehmen will, dass ich bewusst auf (umfangreiche) Definitionen verzichte, da sie nicht unbedingt notwendig sind.

Ein Warrant ist im Grunde ein Call, lediglich Feinheiten wie beispielsweise die Tatsache, dass ein Warrant von einem Unternehmen ausgestellt und gewährleistet wird, unterscheiden ihn von einem Call. Das „capital asset pricing model" (CAPM) setzt die erwartete Rendite eines Vermögensgegenstandes zu dessen Beta in Beziehung, wobei Beta das Maß für das systematische Risiko darstellt – auch Marktrisiko genannt. Das CAPM dient als Modell für die Berechnung des Preises riskanter Wertpapiere und behauptet, das einzige Risiko sei das systematische Risiko (Marktrisiko), d.h. ein Risiko, welches nicht durch Diversifikation eliminiert werden könne. Das CAPM besagt nun, dass die erwartete Rendite eines risikobehafteten Wertpapiers oder Portfolios gleich dem risikolosen Zinssatz auf eine risikolose Anlage zuzüglich einer Risikoprämie[4] ist. Wenn ein Anleger einem stärkeren Marktrisiko (Beta) ausgesetzt ist, verlangt er folglich eine höhere erwartete Rendite, dies ist meiner Meinung nach eine völlig logische Konsequenz, die ich übrigens bereits weiter oben beschrieben habe. Scholes berichtete in seiner Nobelvorlesung, dass sein Ziel die Konstruktion eines „zero–beta portfolios" gewesen sei, ergo die Entwicklung eines gänzlich risikolosen Portfolios (kein Marktrisiko; $\beta = 0$!), dessen erwartete Rendite gleich dem risikolosen Zinssatz („rate of interest") ist. Wie es Scholes gelang sein Ziel zu verwirklichen, möchte ich nicht vorenthalten, deshalb greife ich nochmals auf die Nobelvorlesung zurück:

„I knew that I would have to change the number of shares of stock each period to retain my zero–beta portfolio. But, after working on this concept, off and on, I still couldn't figure out analytically how many shares of stock to sell short to create a zero–beta portfolio. [...]
In the summer or early fall of 1969, I discussed with Fischer [Black] my earlier experience with warrants, my attempt at creating the zero–beta portfolio, and my inability to determine the changing number of shares needed each period to create the zero–beta portfolio. He described to me his research on warrants and that he was frustrated in his inability to progress further than he had to that time. He showed me a sheet of paper, which described the relation between the return on the warrant and the underlying stock. Following on earlier work by Jack Treynor, Fischer had used a Taylor Series expansion of w(x,t), where 'w' is the warrant price, 'x' is the current stock price and 't' is time to maturity to show the relation between the change in the warrant price as a function of the change in the price of the common stock and a decrease in the time to maturity of the option. [...]
Not surprisingly, Fischer had used the capital asset pricing model to describe the relation between the expected return on the warrant and the market and the expected return on the common stock and the market. By substituting for the change in the warrant price as a function of changes in the stock price and time in the capital asset pricing relation, it became obvious on how to create a zero–beta portfolio that would have an expected rate of return equal to the interest rate (for we assumed a constant interest rate)." [5]

---

[4] Die Risikoprämie inkludiert die Multiplikation mit dem systematischen Risiko Beta eines Wertpapiers.

[5] Scholes, Myron S.: Derivatives in a dynamic environment. Nobel Lecture, December 9, 1997, online im Internet: URL: http://nobelprize.org/nobel_prizes/economics/laureates/1997/scholes-lecture.pdf [Stand: 2008-01-26, 23:14], S. 132 f.

Wie man die Differentialgleichung von Black, Scholes und Merton genau herleitet, werde ich nun zeigen. Ungerechterweise gerät Merton oftmals in Vergessenheit (der Name „Black–Scholes–Modell" ist viel geläufiger als „Black–Scholes–Merton–Modell"), wobei auch er mit Black und Scholes zusammenarbeitete und wesentliche Beiträge auf dem Gebiet der Optionspreisbewertung lieferte und deshalb nicht vernachlässigt werden soll.

Zur Wiederholung erwähne ich, dass der im BSMM angenommene Aktienkursprozess $dS = \mu \cdot S \cdot dt + \sigma \cdot S \cdot dz$ ist. Im Kapitel „Der Prozess für Aktienpreise als geometrische Brownsche Bewegung" sagte ich, G sei der Preis einer Option von S. Ferner habe ich angeführt, dass der Preis einer Option von einigen Bestimmungsfaktoren abhänge, nämlich von dem gegenwärtigen Aktienkurs S_0, der Restlaufzeit der Option T, der Volatilität des Aktienkurses σ, dem Ausübungspreis der Option K und dem Zinssatz einer risikolosen Anlage mit derselben Restlaufzeit r.[6] Eigentlich sollte man daher G schreiben als eine Funktion von S_0, T, K, σ und r.

Da der gegenwärtige Aktienkurs nicht immer mit S zum Zeitpunkt 0 bezeichnet werden kann, bediene ich mich des Parameters t, sodass S den Preis einer Aktie zu einem Zeitpunkt t darstellt. Die Funktion G lässt sich daher schreiben als $G(S,t,T,K,\sigma,r)$. Weil das Modell annimmt, es handle sich bei den letzten vier Parametern um Konstanten, gilt $G(S,t)$.

Als Ansatz stellten Black, Scholes und Merton ein risikoloses Portfolio Π zusammen, bestehend aus einer Option (Long–Position) minus dem Δ–Fachen des Underlyings S (Short–Position, Leerverkauf). Der Wert beträgt somit: $\Pi(S,t) = G(S,t) - \Delta S$.

Die Änderung des Portfolios ist dann definiert als die Änderung der Option sowie des Underlyings, d.h.: $d\Pi = dG - \Delta dS$, wobei dG, dS und $d\Pi$ die Änderungen von G, S und Π in einem infinitesimal kleinen Zeitintervall dt sind.

$$dS = \mu \cdot S \cdot dt + \sigma \cdot S \cdot dz$$

Nach Itôs Lemma folgt: $dG = \left(\dfrac{\partial G}{\partial S} \cdot \mu \cdot S + \dfrac{\partial G}{\partial t} + \dfrac{1}{2} \cdot \dfrac{\partial^2 G}{\partial S^2} \cdot \sigma^2 \cdot S^2 \right) \cdot dt + \dfrac{\partial G}{\partial S} \cdot \sigma \cdot S \cdot dz$

Ich rufe ins Gedächtnis, die zugrunde liegenden Wiener–Prozesse dz in S und G sind absolut identisch. Aufgrund dieser Tatsache dürfen bei der Konstruktion des Portfolios aus der Aktie und dem Derivat die Wiener–Prozesse eliminiert werden.

$$d\Pi = \left(\frac{\partial G}{\partial S} \cdot \mu \cdot S + \frac{\partial G}{\partial t} + \frac{1}{2} \cdot \frac{\partial^2 G}{\partial S^2} \cdot \sigma^2 \cdot S^2 \right) \cdot dt + \frac{\partial G}{\partial S} \cdot \sigma \cdot S \cdot dz - \Delta \cdot \mu \cdot S \cdot dt - \Delta \cdot \sigma \cdot S \cdot dz$$

$$d\Pi = \frac{\partial G}{\partial S} \cdot \mu \cdot S \cdot dt + \frac{\partial G}{\partial t} \cdot dt + \frac{1}{2} \cdot \frac{\partial^2 G}{\partial S^2} \cdot \sigma^2 \cdot S^2 \cdot dt - \Delta \cdot \mu \cdot S \cdot dt + \boxed{\left(\frac{\partial G}{\partial S} - \Delta \right) \cdot dz \cdot \sigma \cdot S}$$

Scholes erzählte in seiner Nobelvorlesung, dass er zunächst nicht im Stande gewesen sei auf analytischem Weg zu berechnen, wie viele Anteile der Aktie er leerverkaufen müsse, um ein risikoloses Portfolio zu erhalten. Nun ist es offensichtlich: Um dz (= Risiko) im Portfolio Π zu eliminieren, wählt man $\boxed{\Delta = \dfrac{\partial G}{\partial S}}$

$$d\Pi = \frac{\partial G}{\partial S} \cdot \mu \cdot S \cdot dt + \frac{\partial G}{\partial t} \cdot dt + \frac{1}{2} \cdot \frac{\partial^2 G}{\partial S^2} \cdot \sigma^2 \cdot S^2 \cdot dt - \frac{\partial G}{\partial S} \cdot \mu \cdot S \cdot dt + \left(\frac{\partial G}{\partial S} - \frac{\partial G}{\partial S} \right) \cdot dz \cdot \sigma \cdot S$$

$$\rightarrow d\Pi = \left(\frac{\partial G}{\partial t} + \frac{1}{2} \cdot \frac{\partial^2 G}{\partial S^2} \cdot \sigma^2 \cdot S^2 \right) \cdot dt \longleftarrow \quad \text{deterministisch!}$$

---

[6] Bemerkung: Etwaige Dividenden lasse ich vorerst außer Betrachtung.

Definition (13): „Die Reduzierung von Zufall bzw. Risiko in einem Portfolio bezeichnet man als Hedging. Die vollständige Eliminierung des Risikos eines Portfolios durch Ausnutzung der Korrelation zwischen zwei Finanzinstrumenten heißt Delta–Hedging." [7]

Die obige Überlegung basiert auf der Idee des Delta–Hedging, das übrigens ein Beispiel einer dynamischen Hedge–Strategie darstellt. Um ehrlich zu sein: Das Portfolio ist nicht ständig risikolos, denn dies trifft nur für einen infinitesimal kleinen Zeitabschnitt zu. Da sich $\frac{\partial G}{\partial S}$ dauernd abändert, muss man um ein risikoloses Portfolio zu halten die Menge Δ der Anteile der Aktie am Portfolio kontinuierlich anpassen.

Die Differentialgleichung $d\Pi = \left(\frac{\partial G}{\partial t} + \frac{1}{2} \cdot \frac{\partial^2 G}{\partial S^2} \cdot \sigma^2 \cdot S^2 \right) \cdot dt$ enthält kein dz mehr, insofern handelt es sich um ein Portfolio, das über den infinitesimal kleinen Zeitraum dt risikolos ist. Gemäß dem CAPM gilt, dass die erwartete Rendite des risikolosen Portfolios, das also nun ein Beta von 0 besitzt, dem risikolosen Zinssatz auf eine risikolose Anlage entspricht. Eine Erklärung hierfür liefert das No–Arbitrage–Prinzip: Wäre die erwartete Rendite höher als der Zinssatz, so würden Arbitragemöglichkeiten auftauchen, indem man Geld von der Bank leiht um in das Portfolio zu investieren. Umgekehrt: Wenn die Rendite geringer als der Zinssatz wäre, könnte man die Short Stellung in dem Portfolio eingehen, von den Erträgen risikolose Wertpapiere erwerben und schließlich auch in diesem Fall einen risikolosen Gewinn erreichen. Da angenommen wird, es gebe keine Arbitragemöglichkeiten (No–Arbitrage–Prinzip), darf nur gelten: $d\Pi = r \cdot \Pi \cdot dt$, wobei der Wert des konstruierten Portfolios bekanntlich $\Pi = G - \Delta S = G - \frac{\partial G}{\partial S} \cdot S$ ist.

$$\left(\frac{\partial G}{\partial t} + \frac{1}{2} \cdot \frac{\partial^2 G}{\partial S^2} \cdot \sigma^2 \cdot S^2 \right) \cdot dt = r \cdot \left(G - \frac{\partial G}{\partial S} \cdot S \right) \cdot dt$$

Kürzen und Umformen führen zur berühmten Black–Scholes–Merton–Differentialgleichung (BSMD):

$$\boxed{\frac{\partial G}{\partial t} + r \cdot S \cdot \frac{\partial G}{\partial S} + \frac{1}{2} \cdot \frac{\partial^2 G}{\partial S^2} \cdot \sigma^2 \cdot S^2 - r \cdot G = 0}$$

Ich finde es wichtig sich einige Feststellungen zur BSMD vor Augen zu halten:

→ Bei der Herleitung ist nie bestimmt worden, welche Option beziehungsweise welches Derivat behandelt wird. Lediglich die Attribute des Underlyings wurden herangezogen. Diese Tatsache führt zum Schluss, dass pro Underlying ausnahmslos nur eine einzige Differentialgleichung existiere, die für alle Derivate auf das Underlying gelte. Der Preis jedes wunschgemäßen Derivats, das von einer dividendenlosen Aktie abhängt, muss demnach die BSMD erfüllen.

→ Die unterschiedlichen Derivate differenzieren sich nur in verschiedenen Rand–, Anfangs– oder Endbedingungen.

---

[7] Rank, Jörn: Economphysics. a.a.O., S. 47.

→ Wie man sieht, enthält die BSMD weder den Ausübungspreis noch das Verfalldatum, weil diese Parameter einer spezifischen Option sind.

→ Bei der BSMD handelt es sich um eine lineare partielle Differentialgleichung zweiter Ordnung, man sagt, sie sei eine parabolische Differentialgleichung.

→ Wie bereits erwähnt, ist der Wert eines von einer Aktie abhängigen Derivats völlig unabhängig vom Parameter μ, der tatsächlich im Zuge der Herleitung „weg gestrichen" werden konnte, sodass dieser in der BSMD nicht vorkommt. „We were both amazed that the expected rate of return on the underlying stock did not appear in the differential equation." [8]

Man geht davon aus, dass die erwartete Rendite bereits implizit im Preis des Underlyings, also der Aktie, einkalkuliert ist, deshalb muss man sie nicht eigens berücksichtigen.

4.3. Der faire Call– und Put–Preis [9]

Das Ziel ist eine analytische Lösung der BSMD für europäische Optionen zu finden. Man kann auf mehrere Arten dieses Ziel anstreben. Zwei Möglichkeiten der Herleitung möchte ich nennen, wobei ich auf die zweite Variante eingehen werde:

→ Die Idee ist die BSMD auf die so genannte Wärmeleitungsgleichung, die das Paradebeispiel einer parabolischen Differentialgleichung darstellt, durch Variablentransformation zurück zu führen und anschließend die aus der Physik geläufige Lösung für die Wärmeleitungsgleichung heranzuziehen.

Anfangs wollte ich diesen Weg vorstellen, doch nach eingehender Analyse musste ich mir eingestehen, ich dürfte für mein Vorhaben auf physikalische Erklärungen nicht verzichten, was hingegen meine Arbeit noch umfangreicher gemacht hätte. Ich habe mich deshalb entschieden, die nun folgende zweite Herleitung zu zeigen, weil ihr eine ökonomische Idee zugrunde liegt.

→ **Herleitung der Bewertungsformeln für den fairen Call– und Put–Preis durch den Ansatz der risikoneutralen Bewertung:**

Wie ich bereits erläutert habe, ist die BSMD nicht von Risikopräferenzen abhängig, weil kein μ in der Gleichung vorkommt, daher können Risikopräferenzen auch nicht auf die Lösung Einfluss nehmen. Um den Wert von G zu berechnen, darf man deswegen irgendwelche Risikopräferenzen gebrauchen. Speziell nimmt man nun an, dass alle Investoren risikoneutral seien und infolgedessen die erwartete Rendite dem risikolosen Zinssatz gleichkomme, weil risikoneutrale Anleger keine Prämie für die Aufnahme von Risiken fordern. Ein wichtiger Aspekt der Annahme einer risikoneutralen Anlegerschaft hängt mit der Diskontierung zusammen. Der Barwert von irgendeinem Kapitalfluss kann durch Diskontierung des entsprechenden Erwartungswerts mit dem risikolosen Zinssatz berechnet werden. Ein Derivat, das einen Payoff zu einem festgelegten Zeitpunkt aufweist, lässt sich

---

[8] Scholes, Myron S.: Derivatives in a dynamic environment. Nobel Lecture, December 9, 1997, online im Internet: URL: http://nobelprize.org/nobel_prizes/economics/laureates/1997/scholes-lecture.pdf [Stand: 2008-01-26, 23:14], S. 133.

[9] vergleiche folgende Werke:
Hull, John C.: Optionen, Futures und andere Derivate. a.a.O., S. 347-349, 359-364, 379-381.
Rank, Jörn: Econophysics. a.a.O., S. 56, 72, 73, 75.
Rommelfanger, Heinrich: Mathematik für Wirtschaftswissenschaftler. a.a.O., S. 299 f.

über den risikoneutralen Bewertungsansatz derart bewerten: Zuerst setzt man voraus, die erwartete Rendite entspreche dem risikolosen Zinssatz. Ferner kalkuliert man den erwarteten Payoff aus der Option am Ende der Laufzeit der Option und schließlich diskontiert man den erwarteten Payoff mit dem risikolosen Zinssatz. Interessanterweise ist zwar die Annahme, alle Anleger seien risikoneutral, lediglich ein theoretisches Hilfsmittel um die Lösungen der BSMD zu erhalten, aber die resultierenden Lösungen sind sowohl in der risikoneutralen Welt als auch in allen anderen Welten gültig. Eine Erklärung hierfür ist, dass bei dem Übergang von einer risikoneutralen Welt in eine risikoaverse Welt zwei markante Ereignisse stattfinden. Die erwarteten Zuwachsraten der Aktienkurse und der Diskontierungszinssatz, der für beliebige Payoffs des Derivats benützt wird, ändern sich laufend um, wobei die zwei Änderungen sich immer gegenseitig tilgen.

Ich konzentriere mich vorerst nur auf einen Call, bei dem der Erwartungswert in einer risikoneutralen Welt zum Fälligkeitszeitpunkt die Gestalt $\overline{E}[\max(S_T - K, 0)]$ hat ($\overline{E}$ verkörpert den Erwartungswert in einer risikoneutralen Welt). Diskontiert man diesen Erwartungswert mit dem risikolosen Zinssatz, so ist der Call–Preis gegeben durch $c = e^{-r \cdot T} \cdot \overline{E}[\max(S_T - K, 0)]$.

Um auf die Bewertungsformeln zu gelangen muss ich zuerst einen Einschub vornehmen, indem ich eine **allgemeine Gleichung** darlege: Unter der Voraussetzung, V sei lognormalverteilt und w bezeichne die Standardabweichung von $\ln(V)$, gilt:

$$E[\max(V - K, 0)] = E(V) \cdot N(d_1) - K \cdot N(d_2),$$

wobei E der Erwartungswert, N(x) die kumulative Verteilungsfunktion der Standardnormalverteilung[10] ist und

$$d_1 = \frac{\ln\left(\frac{E(V)}{K}\right) + \frac{w^2}{2}}{w}$$

$$d_2 = \frac{\ln\left(\frac{E(V)}{K}\right) - \frac{w^2}{2}}{w}.$$

Es ist mir ein Anliegen diese allgemeine Gleichung nicht nur einfach so zu postulieren, sondern sie auch zu beweisen. Vorher komme ich aber nicht umhin eine Ergänzung anzubringen.

Wiederholung: Der Aktienkurs zu einem zukünftigen Zeitpunkt ist lognormalverteilt. Ich erinnere daran,

dass $\quad \ln(S_T) = N\left[\ln(S_0) + \left(\mu - \frac{1}{2} \cdot \sigma^2\right) \cdot T \ ; \ \sigma \cdot \sqrt{T}\right]$

gilt. Ein Beispiel soll die Modellierung verdeutlichen: Ich konzentriere mich auf eine Aktie, deren Kurs bei 50 € steht, deren erwartete Rendite 20 % p.a. und deren Volatilität 28 % p.a. beträgt. Die Wahrscheinlichkeits–verteilung des Aktienpreises lautet nach einer Zeit von einem halben Jahr gerundet auf 4 Stellen: $\ln(S_T) = N(3{,}9924; 0{,}1980)$.

μ= 3.9924   σ= 0.1980   a= 3.6043   b= 4.3805

| Graph zeichnen | P(X≤a) | P(a≤X≤b) | P(X≥b) |

0.95

3.79   3.99   4.19

----

[10] Die kumulative Verteilungsfunktion der Standardnormalverteilung ist die Wahrscheinlichkeit, dass eine Variable mit der Standardnormalverteilung N(0;1) kleiner als beziehungsweise gleich x ist.

Mit einer Sicherheit von 95 % nimmt der normalverteilte $\ln(S_T)$ einen Wert innerhalb des 1,96–fachen der Standardabweichung um seinen Erwartungswert an, d.h. $3,6043 < \ln(S_T) < 4,3805$. Dies habe ich in meiner in einem Java–Applet konstruierten Grafik illustriert. $\rightarrow 36,76 < S_T < 79,88$

Interpretation: Mit einer Wahrscheinlichkeit von 95 % wird der Aktienkurs in einem halben Jahr zwischen 36,76 € und 79,88 € liegen.

Wie man in meiner in Mathematica erstellten und in Paint bearbeiteten nebenstehenden Lognormalverteilung sieht, ist die Lognormalverteilung schief, also asymmetrisch. Da man davon ausgeht, dass die Aktienrendite mit längeren Zeitabständen eine positive Tendenz aufweist, ist es durchaus berechtigt und sinnvoll dem Aktienkurs eine Lognormalverteilung zu unterstellen.

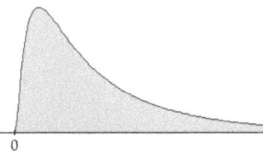

Zwei wichtige Eigenschaften einer Lognormalverteilung soll man bedenken, nämlich, dass der Erwartungswert $E(S_T)$ durch $E(S_T) = S_0 \cdot e^{\mu \cdot T}$ und dass die Varianz $Var(S_T)$ durch $Var(S_T) = S_0^2 \cdot e^{2\mu \cdot T} \cdot \left(e^{\sigma^2 \cdot T} - 1\right)$ definiert ist.

Zur Berechnung der Wahrscheinlichkeitsverteilung einer (zwischen 0 und T) erzielten Rendite bedient man sich der Tatsachen, dass die Aktienkurse lognormalverteilt sind und man sich in einer Welt befindet, in der die Anleger risikoneutral sind und in der folglich der Zinssatz die erwartete Rendite einer Aktie bestimmt.

$S_T = S_0 \cdot e^{x \cdot T}$, wobei x die annualisierte Rendite über den Zeitraum von 0 bis T bezeichnet.

$$\rightarrow \quad x = \ln\left(\frac{S_T}{S_0}\right) \cdot \frac{1}{T} \quad ; \quad \text{aus} \quad \ln\left(\frac{S_T}{S_0}\right) = N\left[\left(\mu - \frac{1}{2} \cdot \sigma^2\right) \cdot T \; ; \; \sigma \cdot \sqrt{T}\right] \quad \text{resultiert} \quad \rightarrow$$

$$x = N\left[\mu - \frac{1}{2} \cdot \sigma^2 \; ; \; \frac{\sigma}{\sqrt{T}}\right]$$, d.h. die annualisierte stetige Rendite ist normalverteilt mit

Erwartungswert $\mu - \frac{1}{2} \cdot \sigma^2$ und der Standardabweichung $\frac{\sigma}{\sqrt{T}}$, die sich mit wachsender Zeit T dezimiert, weil die durchschnittliche jährliche Rendite über einen längeren Zeitraum mit größerer Sicherheit prognostizierbar ist als über ein kurzes Zeitintervall.

Nun aber zum **Beweis** der allgemeinen Gleichung:

Man definiert eine Funktion g(V) als Wahrscheinlichkeitsdichtefunktion von V und erhält

$$E[\max(V - K, 0)] = \int_K^\infty (V - K) \cdot g(V) \cdot dV \quad (1).$$ Die Variable $\ln(V)$ ist, wie schon oben erwähnt,

normalverteilt mit der Standardabweichung w. Gemäß der Eigenschaften der Lognormal–verteilung bezeichnet $m = \ln[E(V)] - \frac{w^2}{2}$ (2) den Erwartungswert von $\ln(V)$.

Es wird eine neue Variable festgesetzt $Q = \frac{\ln(V) - m}{w}$ (3). Diese basiert auf einer

Standardnormalverteilung. Die Dichtefunktion h(Q) von Q lautet $h(Q) = \frac{1}{\sqrt{2 \cdot \pi}} \cdot e^{-\frac{Q^2}{2}}$.

Wandelt man die rechte Seite von Gleichung (1), somit das Integral über V in ein Integral

über Q um, so ergibt sich $E[\max(V-K,0)] = \int\limits_{\frac{\ln(K)-m}{w}}^{\infty} \left(e^{Q\cdot w+m} - K\right)\cdot h(Q)\cdot dQ$

beziehungsweise nach Anwendung der Differenzenregel

$$E[\max(V-K,0)] = \int\limits_{\frac{\ln(K)-m}{w}}^{\infty} e^{Q\cdot w+m}\cdot h(Q)\cdot dQ - K\cdot \int\limits_{\frac{\ln(K)-m}{w}}^{\infty} h(Q)\cdot dQ \quad (4).$$

Nebenrechnung: $\quad e^{Q\cdot w+m}\cdot h(Q) =$

$$= e^{Q\cdot w+m}\cdot \frac{1}{\sqrt{2\cdot\pi}}\cdot e^{-\frac{Q^2}{2}}$$

$$= \frac{1}{\sqrt{2\cdot\pi}}\cdot e^{\frac{-Q^2+2\cdot Q\cdot w+2\cdot m}{2}}$$

$$= \frac{1}{\sqrt{2\cdot\pi}}\cdot e^{\frac{-(Q-w)^2+2m+w^2}{2}}$$

$$= \frac{e^{m+\frac{w^2}{2}}}{\sqrt{2\cdot\pi}}\cdot e^{\frac{-(Q-w)^2}{2}}$$

$$= e^{m+\frac{w^2}{2}}\cdot h(Q-w)$$

Aus Gleichung (4) wird daher

$$E[\max(V-K,0)] = e^{m+\frac{w^2}{2}}\cdot \int\limits_{\frac{\ln(K)-m}{w}}^{\infty} h(Q-w)\cdot dQ - K\cdot \int\limits_{\frac{\ln(K)-m}{w}}^{\infty} h(Q)\cdot dQ \quad (5).$$

Das erste Integral aus Gleichung (5) liefert $1 - N\left[\dfrac{\ln(K)-m}{w} - w\right] \rightarrow N\left[\dfrac{-\ln(K)+m}{w} + w\right]$[11].

Durch Substitution von m laut Gleichung (2) $\left(m = \ln[E(V)] - \dfrac{w^2}{2}\right)$ erhält man

$$N\left[\frac{\ln\left(\dfrac{E(V)}{K}\right)+\dfrac{w^2}{2}}{w}\right] = N(d_1).$$ Analog bekommt man für das zweite Integral in Gleichung (5)

$$1 - N\left[\frac{\ln(K)-m}{w}\right] = N\left[\frac{-\ln(K)+m}{w}\right] = N\left[\frac{\ln\left(\dfrac{E(V)}{K}\right)-\dfrac{w^2}{2}}{w}\right] = N(d_2).$$ Gleichung (5) hat nun die

Gestalt $E[\max(V-K,0)] = e^{m+\frac{w^2}{2}}\cdot N(d_1) - K\cdot N(d_2)$. Substitution von m gemäß Gleichung (2)

führt zu $E[\max(V-K,0)] = E(V)\cdot N(d_1) - K\cdot N(d_2).$

quod erat demonstrandum □

---

[11] Ich verweise auf die Negativitätsregel $N(-z) = 1 - N(z)$.

Zur Wiederholung sei erwähnt, dass der Call–Preis durch $c = e^{-r \cdot T} \cdot \overline{E}[max(S_T - K, 0)]$ gegeben ist. In dem im BSMM angenommenen stochastischen Prozess ist bekanntermaßen S_T lognormalverteilt. Ferner habe ich schon angeführt, dass die Erwartung $\overline{E}$ in einer risikoneutralen Welt $\overline{E}(S_T) = S_0 \cdot e^{r \cdot T}$ ist und die Standardabweichung von $\ln(S_T)$ den Wert $\sigma \cdot \sqrt{T}$ hat. Mit Hilfe der allgemeinen Gleichung und den soeben überlegten Resultate ergibt sich die Bewertungsformel für den fairen europäischen Call–Preis:

$$c = e^{-r \cdot T} \cdot \left[\overline{E}(S_T) \cdot N(d_1) - K \cdot N(d_2)\right] = e^{-r \cdot T} \cdot \left[S_0 \cdot e^{r \cdot T} \cdot N(d_1) - K \cdot N(d_2)\right] = S_0 \cdot N(d_1) - K \cdot e^{-r \cdot T} \cdot N(d_2),$$

mit

$$d_1 = \frac{\ln\left(\frac{\overline{E}(S_T)}{K}\right) + \frac{w^2}{2}}{w} \xrightarrow{w = \sigma \sqrt{T}} d_1 = \frac{\ln\left(\frac{S_0 \cdot e^{r \cdot T}}{K}\right) + \frac{\left(\sigma \cdot \sqrt{T}\right)^2}{2}}{\sigma \cdot \sqrt{T}} = \frac{\ln\left(\frac{S_0}{K}\right) + r \cdot T + \frac{\sigma^2 \cdot T}{2}}{\sigma \cdot \sqrt{T}} \longrightarrow$$

$$d_1 = \frac{\ln\left(\frac{S_0}{K}\right) + \left(r + \frac{\sigma^2}{2}\right) \cdot T}{\sigma \cdot \sqrt{T}}$$

und

$$d_2 = \frac{\ln\left(\frac{\overline{E}(S_T)}{K}\right) - \frac{w^2}{2}}{w} \xrightarrow{w = \sigma \sqrt{T}} d_2 = \frac{\ln\left(\frac{S_0 \cdot e^{r \cdot T}}{K}\right) - \frac{\left(\sigma \cdot \sqrt{T}\right)^2}{2}}{\sigma \cdot \sqrt{T}} = \frac{\ln\left(\frac{S_0}{K}\right) + r \cdot T - \frac{\sigma^2 \cdot T}{2}}{\sigma \cdot \sqrt{T}} \longrightarrow$$

$$d_2 = \frac{\ln\left(\frac{S_0}{K}\right) + \left(r - \frac{\sigma^2}{2}\right) \cdot T}{\sigma \cdot \sqrt{T}} \cdot$$

Ich habe die Put–Call–Parität $c + K \cdot e^{-r \cdot T} = p + S_0$ insofern derart ausführlich erklärt, weil diese Paritätsbeziehung nun zum Tragen kommt um den Preis eines Puts trivial zu berechnen:

$$S_0 \cdot N(d_1) - K \cdot e^{-r \cdot T} \cdot N(d_2) + K \cdot e^{-r \cdot T} = p + S_0$$
$$p = S_0 \cdot N(d_1) - S_0 - K \cdot e^{-r \cdot T} \cdot N(d_2) + K \cdot e^{-r \cdot T}$$
$$p = -S_0 \cdot \left[1 - N(d_1)\right] + K \cdot e^{-r \cdot T} \cdot \left[1 - N(d_2)\right]$$
$$p = -S_0 \cdot N(-d_1) + K \cdot e^{-r \cdot T} \cdot N(-d_2)$$

Überblick über die Bewertungsformeln für die Berechnung des fairen europäischen Call– und Put–Preises auf eine dividendenlose Aktie im Zeitpunkt 0:

$$c = S_0 \cdot N(d_1) - K \cdot e^{-r \cdot T} \cdot N(d_2)$$

$$p = -S_0 \cdot N(-d_1) + K \cdot e^{-r \cdot T} \cdot N(-d_2)$$

$$d_1 = \frac{\ln\left(\frac{S_0}{K}\right) + \left(r + \frac{\sigma^2}{2}\right) \cdot T}{\sigma \cdot \sqrt{T}} \qquad d_2 = \frac{\ln\left(\frac{S_0}{K}\right) + \left(r - \frac{\sigma^2}{2}\right) \cdot T}{\sigma \cdot \sqrt{T}} = d_1 - \sigma \cdot \sqrt{T}$$

$$N(x) = \frac{1}{\sqrt{2 \cdot \pi}} \cdot \int_{-\infty}^{x} e^{-\frac{1}{2} \cdot \delta^2} \cdot d\delta$$

Bemerkung: Zu einem späteren Zeitpunkt t $\left(0 < t < T, \text{ S zum Zeitpunkt } t\right)$ lauten die Bewertungsformeln

$$c = S \cdot N(d_1) - K \cdot e^{-r \cdot (T-t)} \cdot N(d_2)$$

$$d_1 = \frac{\ln\left(\dfrac{S}{K}\right) + \left(r + \dfrac{\sigma^2}{2}\right) \cdot (T-t)}{\sigma \cdot \sqrt{T-t}}$$

$$p = -S \cdot N(-d_1) + K \cdot e^{-r \cdot (T-t)} \cdot N(-d_2)$$

$$d_2 = \frac{\ln\left(\dfrac{S}{K}\right) + \left(r - \dfrac{\sigma^2}{2}\right) \cdot (T-t)}{\sigma \cdot \sqrt{T-t}}$$

Die Interpretation der Bewertungsformel für den europäischen Call–Preis kennzeichnet sich durch folgende Feststellungen:

→ Der erste Term repräsentiert im Grunde den diskontierten erwarteten Aktienpreis zur Fälligkeit der Option, gewichtet mit der Wahrscheinlichkeit, dass der Aktienkurs zum Zeitpunkt T den Ausübungspreis überragt, demgemäß die Option in–the–money ist.

→ Adäquat stellt der zweite Ausdruck $K \cdot e^{-r \cdot T} \cdot N(d_2)$ das Produkt aus dem Barwert des Ausübungspreises und der Wahrscheinlichkeit dar, dass der Strike–Preis (in einer risikoneutralen Welt) ausgezahlt wird, d.h. der Aktienkurs über dem Basispreis liegt.

Die Überlegungen bei der Interpretation der Bewertungsformel für den Put–Preis sind praktisch analog.

Ferner lässt sich interpretieren, was passiert, wenn beispielsweise der Aktienpreis einen extrem großen Wert annimmt. Für den Fall S sei sehr viel größer als K, befindet sich ein Call deep–in–the–money, es ist also nahezu ganz sicher, dass der Call ausgeübt wird. Diese Tatsache kommt nun auch in den Bewertungsformeln vernünftig zum Ausdruck, da sowohl d_1 als auch d_2 hohe Werte annehmen und folglich $N(d_1)$ und $N(d_2)$ gegen 1 konvergieren. Der Preis eines Calls ist dann schließlich durch $c = S_0 - K \cdot e^{-r \cdot T}$ gegeben. Andererseits strebt der Preis eines Puts logischerweise gegen 0, wenn der Aktienkurs (beinahe) grenzenlos in die Höhe wächst. Dies stimmt selbstverständlich mit der Bewertungsformel für einen Put überein, da bei sehr großem Aktienkurs $N(-d_1)$ und $N(-d_2)$ gegen 0 konvergieren und somit der Put–Preis 0 beträgt.

Berücksichtigung von Dividenden [12]

Es ist mir ein Anliegen zwei Wege darzulegen, wie man den fairen Preis eines europäischen Calls und Puts auch auf Aktien mit Dividenden berechnet.

Bedingung ist, dass man über die Höhe der Dividenden bereits im Vorhinein Bescheid weiß. Sie bewirken bekanntermaßen einen Rückgang des Aktienkurses am Tag der Ausschüttung etwa um die Höhe der Dividende. Das Modell kann nun angewendet werden, wenn der Aktienpreis um den Barwert aller Dividendenzahlungen während der Optionslaufzeit dezimiert wird, wobei die Diskontierung über die Zeitintervalle bis zu den Ex–Dividende–Tagen (Ausschüttungstermin [13]) mit dem risikolosen Zinssatz erfolgt.

Eine Dividendenzahlung ist für die Berechnung von Optionspreisen bloß dann relevant, wenn ihr Ausschüttungstermin innerhalb der Optionslaufzeit liegt.

---

[12] vergleiche: Hull, John C.: Optionen, Futures und andere Derivate. a.a.O., S. 368 f, 384 ff.

[13] Bei Verlautbarung einer Dividendenzahlung wird ein Ausschüttungstermin festgesetzt. Investoren, die eine spezifische Aktie bis zum Ausschüttungstermin halten, bekommen die Dividende.

Die zweite Variante, die ich bevorzuge, setzt eine bekannte Dividendenrendite voraus. Eine Zahlung einer Dividendenrendite D (Bemerkung: d figuriert den Barwert einer Dividenden–zahlung) sorgt dafür, dass die Wachstumsrate des Aktienpreises um den Betrag D geringer ist, als sie ansonsten wäre. Nun steigt der Kurs der Aktie mit einer Dividendenrendite von D von S_0 auf S_T an, d.h. ohne Dividende würde der Aktienpreis auf $S_T \cdot e^{D \cdot T}$ oder von $S_0 \cdot e^{-D \cdot T}$ auf S_T wachsen.

Für den Aktienkurs zum Zeitpunkt T resultiert also in beiden Fällen die gleiche Wahrscheinlichkeitsverteilung: (1) Aktie beginnt mit dem Kurs S_0 und enthält eine Dividendenrendite D oder alternativ (2) Aktie beginnt mit dem Kurs $S_0 \cdot e^{-D \cdot T}$ und zahlt keine Dividendenrendite. Dies führt unmittelbar auf eine Regel: Ich verhalte mich einfach so, als würde ich eine dividendenlose Aktie analysieren, dezimiere den Aktienkurs von S_0 auf $S_0 \cdot e^{-D \cdot T}$ und gehe wie gewohnt vor. Für die Bewertung von Optionen auf Aktien mit Dividende(n) setze ich infolgedessen $S_0 \cdot e^{-D \cdot T}$ für S_0 ein.

$$c = S_0 \cdot e^{-D \cdot T} \cdot N(d_1) - K \cdot e^{-r \cdot T} \cdot N(d_2)$$

$$p = -S_0 \cdot e^{-D \cdot T} \cdot N(-d_1) + K \cdot e^{-r \cdot T} \cdot N(-d_2)$$

$$d_1 = \frac{\ln\left(\frac{S_0}{K}\right) + \left(r - D + \frac{\sigma^2}{2}\right) \cdot T}{\sigma \cdot \sqrt{T}} \qquad d_2 = \frac{\ln\left(\frac{S_0}{K}\right) + \left(r - D - \frac{\sigma^2}{2}\right) \cdot T}{\sigma \cdot \sqrt{T}} = d_1 - \sigma \cdot \sqrt{T}$$

Meistens steht man vor dem Problem, dass keine Dividendenrendite gegeben ist. In diesem Fall würde ich empfehlen die Höhe der Dividendenauszahlung zu untersuchen und sie heranzuziehen um die Rendite objektiv zu schätzen.

Um auch zu wissen wie sich der Prozess für Aktienkurse oder die BSMD ändert, wenn man eine Dividendenrendite berücksichtigt, möchte ich abschließend den bereits bekannten Grundsatz der risikoneutralen Bewertung zu Hilfe nehmen, der besagt, dass die Gesamtrendite der Aktie dem risikolosen Zinssatz entspricht. Die Gesamtrendite wird aber durch die Dividendenrendite ein bisschen diminiert, weshalb der risikoneutrale Prozess des Aktienkurses mit Dividendenrendite durch $dS = (r - D) \cdot S \cdot dt + \sigma \cdot S \cdot dz$ gegeben ist. Die Differentialgleichung nimmt folgende Form an: $\frac{\partial G}{\partial t} + (r - D) \cdot S \cdot \frac{\partial G}{\partial S} + \frac{1}{2} \cdot \frac{\partial^2 G}{\partial S^2} \cdot \sigma^2 \cdot S^2 - r \cdot G = 0$.

4.4. Volatilität [14]

Die Volatilität eines Aktienkurses wird entweder mittels historischer Daten (Historische Volatilität) oder aus den Marktpreisen von Optionen (Implizite Volatilität) geschätzt.

- Bei der Schätzung der historischen Volatilität verfährt man folgendermaßen:

„Um die Volatilität σ eines Aktienkurses empirisch zu schätzen, wird dieser in festgelegten Zeitintervallen (z.B. jeden Tag, jede Woche oder jeden Monat) beobachtet. Für jeden der Zeiträume wird der natürliche Logarithmus des Verhältnisses vom Aktienpreis am Ende des

---

[14] vergleiche: Hull, John C.: Optionen, Futures und andere Derivate. a.a.O., S. 351-354.

Zeitraums zum Aktienpreis zu Beginn des Zeitraumes berechnet. Die Volatilität wird schließlich geschätzt als Standardabweichung dieser Werte dividiert durch die Quadratwurzel der in Jahren ausgedrückten Länge des Zeitraums. Tage, an denen die Börse geschlossen ist, werden gewöhnlich bei der Zeitbemessung für die Berechnung der Volatilität ignoriert." [15]

Das in Worte gefasste Rezept zur Bestimmung der historischen Volatilität soll jetzt in Formeln transformiert werden.

$$v_k = \ln\left(\frac{S_k}{S_{k-1}}\right) \quad \text{für} \quad k = 1,2,\ldots,n$$

Die Formel für die Standardabweichung der v_k lautet

$$s = \sqrt{\frac{1}{n-1} \cdot \sum_{k=1}^{n}\left(v_k - \overline{v}\right)^2}$$

n+1:	Anzahl der Untersuchungen
S_k :	Aktienkurs am Ende des k–ten $(k = 0,1,\ldots,n)$ Intervalls
γ:	Länge des Zeitintervalls in Jahren
$\overline{v}$:	arithmetische Mittel

alternativ $\quad s = \sqrt{\frac{1}{n-1} \cdot \sum_{k=1}^{n} v_k^2 - \frac{1}{n \cdot (n-1)} \cdot \left(\sum_{k=1}^{n} v_k\right)^2}$

Wegen $\ln\left(\frac{S_T}{S_0}\right) = N\left[\left(\mu - \frac{1}{2} \cdot \sigma^2\right) \cdot T \ ; \ \sigma \cdot \sqrt{T}\right]$ resultiert $\sigma \cdot \sqrt{T}$ für die Standardabweichung

der v_k, weshalb die Variable s einen Schätzer für $\sigma \cdot \sqrt{T}$ verkörpert, d.h. σ darf über $\overline{\sigma}$

geschätzt werden, weswegen $\overline{\sigma} = \frac{s}{\sqrt{\gamma}}$ gilt, wobei der Standardfehler dieser Schätzung

erfahrungsgemäß $\frac{\overline{\sigma}}{\sqrt{2 \cdot n}}$ lautet. Prinzipiell ist es für die Genauigkeit der Schätzung der

Volatilität förderlich mehr Daten heranzuziehen, jedoch ist es möglich, dass weit vergangene Daten für die zukünftige Entwicklung unwesentlich und daher störend sind. Es empfiehlt sich n gemäß der Anzahl an Tagen zu wählen, über die die geschätzte Volatilität Verwendung findet.

Untersuchungen haben gezeigt, die Volatilität ist an Handelstagen beträchtlich größer als an handelsfreien Tagen, darum neigt man dazu, handelsfreie Tage als nicht evident anzusehen. Im Allgemeinen spricht man bei Aktien von 250 Handelstagen in einem Jahr, d.h.

Volatilität p.a. $= \frac{s}{\sqrt{\gamma}} = \frac{s}{\sqrt{\frac{1}{250}}} = s \cdot \sqrt{250} = $ Volatilität pro Handelstag $\cdot \sqrt{\text{Anzahl der Handelstage p.a.}}$.

In den obigen Bewertungsformeln für den fairen Call– und Put–Preis ist grundsätzlich immer die Volatilität p.a., der risikolose Zinssatz p.a. und eine etwaige Dividendenrendite p.a. einzusetzen, weil die Laufzeit in Jahren dies impliziert.

Anstatt die Laufzeit einer Option in Kalendertagen anzugeben wird sie manchmal in Handelstagen angeführt, d.h. T[in Jahren]=Anzahl der Handelstage bis zur Fälligkeit der Option / 250.

- Der Vollständigkeit halber sei das Prinzip der Berechnung der impliziten Volatilität erwähnt.

Die implizite Volatilität ist die Volatilität, die für eine Kongruenz des Black–Scholes–Merton–Preises und des Marktpreises einer Option sorgt. Sie ergibt sich salopp gesagt durch „Versuch/Irrtum", denn man kennt den Marktpreis einer Option und will daraus auf die

---

[15] Hull, John C.: Optionen, Futures und andere Derivate. a.a.O., S. 372.

Volatilität schließen, indem man so lange den Parameter σ modifiziert, bis man genau den richtigen Wert hat. Man spricht demgemäß von einem iterativen Verfahren. „Händler beobachten implizite Volatilitäten und verwenden häufig implizite Volatilitäten von aktiv gehandelten Optionen, um die angemessene Volatilität zu schätzen, mit der eine weniger aktiv gehandelte Option auf dasselbe Asset bewertet werden sollte." [16]

Zusammenfassung Kapitel 4

Mein angestrebtes Ziel habe ich nun erreicht: Ich habe gezeigt, wie man den fairen europäischen Call– und Put–Preis anhand des Black–Scholes–Merton–Modells für dividendenlose Aktien bzw. für Aktien mit Dividende(n) berechnet. Dass die Herleitung durch das Prinzip der risikoneutralen Bewertung nur eine Variante war um auf die Bewertungsformeln zu schließen, möchte ich nochmals klarstellen. Für eine weitere Art der Deduktion hätte ich beispielsweise das Binomialmodell heranziehen können, weil sich die Binomialverteilung durch die Normalverteilung approximieren lässt.

Darüber hinaus war es mir ein Anliegen die berühmte BSMD im Detail herzuleiten, da sie die Basis für die Bewertungsformeln ist. Ferner legte ich zu Beginn des Kapitels die Hypothesen des BSMM dar, erklärte das Delta–Hedging und das No–Arbitrage–Prinzip, interpretierte die Bewertungsformeln und behandelte schließlich die Volatilität.

Ich will aber an dieser Stelle noch nicht aufhören, denn ich habe mir vorgenommen auf die Sensitivitäten von Optionspreisen einzugehen und anschließend eine Strategie auf eine österreichische Aktiengesellschaft zu analysieren. Zum Abschluss meiner Arbeit werde ich einige Kritikpunkte des Modells behandeln und auf die große Verlustgefahr bei spekulativen Derivatgeschäften hinweisen.

---

[16] Hull, John C.: Optionen, Futures und andere Derivate. a.a.O., S. 373.

5. Sensitivitäten von Optionspreisen [1]

Das BSMM bietet nicht nur die Möglichkeit den fairen Preis einer Option zu berechnen, sondern mit Hilfe des Modells kann auch die Preisdynamik hinsichtlich zukünftiger Parameterschwankungen analysiert werden. Diese dynamische Bewertung des Risikos verwendet Sensitivitätsmasse um den stetigen Parametereinfluss genau zu kalkulieren. Die Sensitivitätsmasse wird beschrieben durch die Auswirkungen von Variablen (unter Beibehalt der restlichen Werte) auf den Optionspreis. Um die Abhängigkeit des Optionspreises zu untersuchen bildet man den Quotienten aus der Veränderung des Preises der Option und der geringfügigen Änderung eines Parameters (für eine infinitesimal kleine Änderung folgt also $\frac{\partial G}{\partial P}$, wobei P der spezielle Parameter ist und G den Optionspreis darstellt).

Die allgemeine Bezeichnung dieser partiellen Ableitungen der Optionspreisformel nach den spezifischen Parametern erfolgt in griechischen Buchstaben, weshalb man oftmals von „Optionsgriechen" oder „Greeks" spricht.

Ich werde für die Sensitivitätsanalyse des Optionspreises den Preis des Basiswerts (Aktie), die Restlaufzeit, die Volatilität und den Zinssatz untersuchen.

Weil die Preisänderung des Basiswerts eine ungemein große Rolle spielt, werde ich ergänzend noch auf die Veränderung dieses Einflusses eingehen.

Ich empfehle für alle Analysen immer die Bewertungsformeln für Aktien mit Dividendenrendite heranzuziehen, da man, wenn es sich um eine dividendenlose Aktie handelt, die Dividendenrendite nur auf 0 setzen muss.

Delta – Die Sensitivität des Optionspreises auf Preisveränderungen des Basiswerts

Die bereits bei der Herleitung der BSMD benötigte Messgröße Delta Δ gibt den Zusammenhang zwischen dem Kurs des zugrunde liegenden Aktivums (Aktie) und dem Optionspreis wieder. Mathematisch gesehen handelt es sich beim Deltawert um die erste Ableitung der Optionspreisfunktion nach dem Basiswert.

Delta	Call	Put
$\Delta = \dfrac{\partial G}{\partial S}$	$e^{-D \cdot T} \cdot N(d_1)$	$e^{-D \cdot T} \cdot [N(d_1) - 1]$

Der Wert eines Calls ist stets mit dem Preis des Basiswerts positiv korreliert, weil ein Anstieg des Basiskurses immer eine Erhöhung des Call–Preises mit sich bringt. Aus diesem Grund ist der Deltawert eines Calls allzeit positiv, während das Delta eines Puts jederzeit negativ ist. Der Wertebereich für das Delta eines Calls erstreckt sich von 0 bis 1, der Deltawert eines Puts kann hingegen zwischen 0 und –1 liegen.

Was bewirkt nun das Delta? Für die Beantwortung der Frage betrachte man folgendes Beispiel: Ein Call mit einem Delta von 1 wird im Preis um 1 Geldeinheit steigen, wenn der Kurs der Aktie um 1 Einheit anwächst, und um denselben Betrag bei einem Kursrückgang fallen. Ein Wert des Deltas nahe 1 heißt für einen Call, dass der Ausübungspreis weit unter

---

[1] vergleiche folgende Werke:
Müller-Möhl, Ernst: Optionen und Futures. a.a.O., S. 111-116.
Dörner, Jan-Hendrik: Black-Scholes Interactive, online im Internet: URL: http://www.wiwi.uni-frankfurt.de/~doerner/kap4.pdf [Stand: 2008-02-15, 22:11].

dem derzeitigen Kurs der Aktie liegt, also der Call deep–in–the–money ist. Bei einem Delta von 0 findet keine Reaktion auf Veränderungen des Basiswerts statt. Out–of–the–money Optionen mit kurzen Restlaufzeiten besitzen ein Delta in der Nähe von 0. Bei at–the–money Calls bewegt sich das Delta um den Wert 0,5.

At–the–money (atm) Puts haben ein Delta von etwa –0,5. In–the–money (itm) Puts weisen einen Deltawert um –1 auf, out–of–the–money (ootm) Puts nehmen einen Deltawert nahe 0 ein. Ich habe bereits bei der BSMD–Herleitung erläutert, dass man beim Hedgen von Optionen eine Delta–neutrale Gesamtposition anstrebt, also das Delta der gesamten Position 0 ist. Denn so ist garantiert, dass der Wert der Position auch bei Preisveränderungen im Basiswert (Aktie) konstant bleibt.

Der Deltawert gibt also an, um wie viel sich der Preis einer Option im Vergleich zu dem des Basiswerts bei einer geringen Preisänderung im Basiswert ändert. Delta steht also für das Risiko der Option bezüglich Preisänderungen im Basiswert.

Selbst konstruiertes Beispiel in Mathematica: Delta einer Option in Abhängigkeit des Aktienkurses mit unterschiedlichen Ausübungspreisen

$S_0 = 50 €$, $T = 1$ Jahr , $\sigma = 30$ % p.a., $r = 4$ % p.a., $D = 0$ % p.a., $K_1 = 50 €$, $K_2 = 60 €$, $K_3 = 40 €$

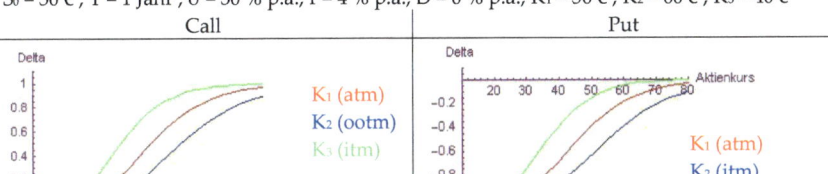

Bei einem aktuellen Aktienkurs von 50 € und einem Ausübungspreis von $K_1 = 50$ € beträgt das Delta eines Calls ungefähr 0,61154 (pro €) und eines Puts –0,38846 (pro €). Der Call–Preis lautet gerundet 6,88 € und der Put–Preis 4,92 €.

	Call ($\Delta = 0,61154$)	Put ($\Delta = -0,38846$)
Aktienpreis fällt auf 49 €	$(-1) \cdot 0,61154 \approx -0,61$	$(-1) \cdot (-0,38846) \approx 0,39$
	Der Preis des Calls sinkt um 0,61 € auf 6,27 €	Der Preis des Puts steigt um 0,39 € auf 5,31 €
Aktienpreis steigt auf 51 €	$1 \cdot 0,61154 \approx 0,61$	$1 \cdot (-0,38846) \approx -0,39$
	Der Preis des Calls steigt um 0,61 € auf 7,49 €	Der Preis des Puts fällt um 0,39 € auf 4,53 €

Bemerkung: Das Delta und selbstverständlich auch die anderen Sensitivitäten müssen laufend je nach Situation angepasst werden. Dies führt zum Sensitivitätsfaktor Gamma.

Gamma – Die Sensitivität des Deltawerts in Abhängigkeit vom Preis des Basiswerts

Gamma Γ misst die Sensitivität des Optionsdeltas bezüglich Veränderungen des Preises des zugrunde liegenden Basiswerts. Gamma (Krümmung der Kurve, Konvexität) ist die zweite partielle Ableitung der Optionspreisfunktion nach dem Basiswert, infolgedessen die Steigungsfunktion des Deltas.

Gamma	Call / Put	
$\Gamma = \dfrac{\partial^2 G}{\partial S^2}$	$\dfrac{e^{-D \cdot T} \cdot N'(d_1)}{\sigma \cdot S_0 \cdot \sqrt{T}}$	$N'(x) = \dfrac{1}{\sqrt{2 \cdot \pi}} \cdot e^{-\frac{x^2}{2}}$

Gamma ist vom Optionstyp unabhängig, weil die Deltas gleich verlaufen, nur parallel verschoben. Das Gamma einer Option nimmt vom Punkt 0 im ootm Status exponentiell bis zum Maximum im atm Punkt der Option zu und fällt in Richtung itm erneut auf 0. Diese Regel gilt nur annähernd, da das Gamma – wie übrigens auch das Delta – sehr stark von der Restlaufzeit abhängt (Restlaufzeit ziemlich klein → Regel trifft schon sehr gut zu). Gamma kann Werte größer oder gleich 0 für Calls und Puts annehmen. Wenn sich das Delta einer Option bei einer Preisänderung des Basiswerts nicht mehr verändert, so hat das Gamma einen Wert von 0. Das geschieht bei Optionen, die sich stark itm oder ootm befinden.

Beispiel von oben: Veränderung des Gammas in Abhängigkeit des Aktienkurses

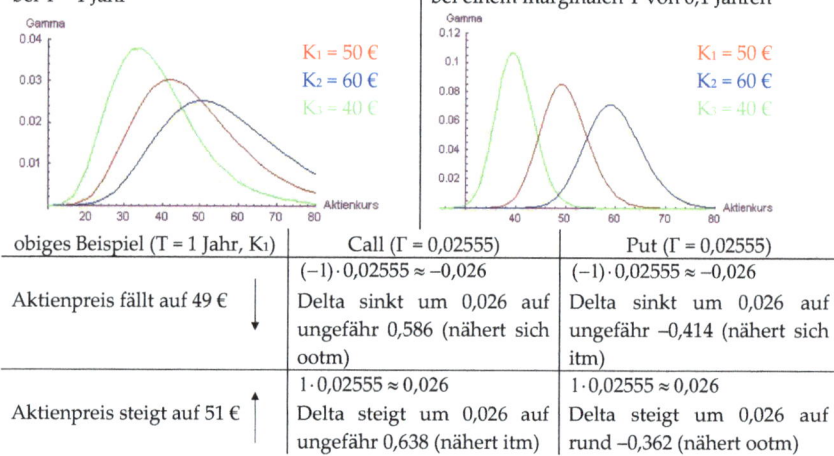

bei T = 1 Jahr		bei einem marginalen T von 0,1 Jahren	

		obiges Beispiel (T = 1 Jahr, K₁)	Call (Γ = 0,02555)	Put (Γ = 0,02555)
Aktienpreis fällt auf 49 € ↓	$(-1) \cdot 0,02555 \approx -0,026$ Delta sinkt um 0,026 auf ungefähr 0,586 (nähert sich ootm)	$(-1) \cdot 0,02555 \approx -0,026$ Delta sinkt um 0,026 auf ungefähr −0,414 (nähert sich itm)
Aktienpreis steigt auf 51 € ↑	$1 \cdot 0,02555 \approx 0,026$ Delta steigt um 0,026 auf ungefähr 0,638 (nähert itm)	$1 \cdot 0,02555 \approx 0,026$ Delta steigt um 0,026 auf rund −0,362 (nähert ootm)

Delta kann nur die derzeitige Risikoneutralität zeigen, wobei durch Gamma die Veränderbarkeit der Neigung des Risikos berechnet werden kann. So bekommt man Aufschluss darüber, ob Modifizierungen in der Absicherung getätigt werden müssen.

Theta – Die Variation des Optionspreises bei sich verändernder Laufzeit

Theta Θ (Maß für den Zeitwertverfall) beschreibt die relative Veränderung des Preises der Option in Bezug zur verbleibenden Ausübungszeit (Restlaufzeit). Mathematisch gesehen ist Theta die erste partielle Ableitung der Optionspreisfunktion nach der Restlaufzeit.

Theta	Call	Put
$\Theta = \dfrac{\partial G}{\partial T}$	$-\dfrac{\sigma \cdot S_0 \cdot e^{-D \cdot T} \cdot N'(d_1)}{2 \cdot \sqrt{T}}$ $+ D \cdot S_0 \cdot N(d_1) \cdot e^{-D \cdot T}$ $- r \cdot K \cdot e^{-r \cdot T} \cdot N(d_2)$	$-\dfrac{\sigma \cdot S_0 \cdot e^{-D \cdot T} \cdot N'(-d_1)}{2 \cdot \sqrt{T}}$ $- D \cdot S_0 \cdot N(-d_1) \cdot e^{-D \cdot T}$ $+ r \cdot K \cdot e^{-r \cdot T} \cdot N(-d_2)$

Der Wert Thetas ist gewöhnlich negativ (eine Ausnahme ist beispielsweise ein itm Put), weil eine Verkürzung der Laufzeit bekanntlich zu einer Reduktion des Optionspreises führt.

Beispiel: Änderung von Theta in Abhängigkeit des Aktienkurses

Call	Put
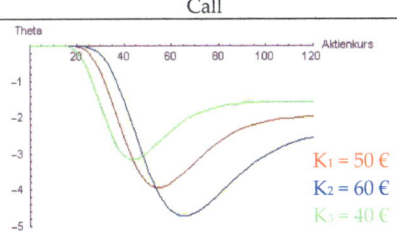	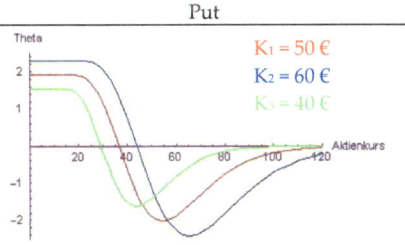

Ist der Kurs der Aktie sehr niedrig, strebt Θ gegen 0. Atm hat Theta den höchsten negativen Wert; itm konvergiert Θ gegen $-r \cdot K \cdot e^{-r \cdot T}$. Das heißt, bei einer Verkürzung der Laufzeit wird der Optionspreis am stärksten dezimiert, wenn die Option sich gerade atm befindet.

Itm, also für einen sehr geringen Aktienkurs, konvergiert der Put gegen $r \cdot K \cdot e^{-r \cdot T}$; atm hat Theta den höchsten negativen Wert und ootm strebt Θ gegen 0. Bei einer Verkürzung der Laufzeit steigt interessanterweise der Optionspreis wieder an, wenn die Option sich relativ stark itm befindet. Bereits im Kapitel Bestimmungsfaktoren habe ich erwähnt, dass der Zusammenhang nicht eindeutig ist. [2]

Beispiel von oben (K_1)	Call ($\Theta = -3{,}82236$ in Jahren)	Put ($\Theta = -1{,}90078$ in Jahren)
Restlaufzeit um 1 Tag verkürzt	$\dfrac{(-3{,}82236)}{365} \approx -0{,}010$ Der Wert des Calls fällt um 0,010 € auf ungefähr 6,87 €	$\dfrac{(-1{,}90078)}{365} \approx -0{,}005$ Der Wert des Puts fällt um 0,005 € auf ungefähr 4,915 €
Restlaufzeit um 1 Tag verlängert	$\dfrac{3{,}82236}{365} \approx 0{,}010$ Der Wert des Calls steigt um 0,010 € auf ungefähr 6,89 €	$\dfrac{1{,}90078}{365} \approx 0{,}005$ Der Wert des Puts steigt um 0,005 € auf ungefähr 4,93 €

Vega – Die Sensitivität des Optionspreises in Abhängigkeit der Standardabweichung

Vega Λ (kein griechischer Buchstabe) gibt an, um welchen Wert sich der Optionspreis bei Veränderung der Volatilität erhöht bzw. reduziert. Ein hohes Vega steht für eine hohe Abhängigkeit des Optionspreises von der Standardabweichung des Basiswerts.

Vega	Call / Put
$\Lambda = \dfrac{\partial G}{\partial \sigma}$	$S_0 \cdot \sqrt{T} \cdot e^{-D \cdot T} \cdot N'(d_1)$

---

[2] Ursachen dieser Problematik sind hauptsächlich Dividenden und Zinssätze.

	Call (Λ = 19,1623)	Put (Λ = 19,1623)
Volatilität fällt um 10 %	$19,1623 \cdot (-0,1) \approx -1,916$ Der Preis des Calls fällt um 1,916 € auf ungefähr 4,96 €	$19,1623 \cdot (-0,1) \approx -1,916$ Der Wert des Puts fällt um 1,916 € auf ungefähr 3,00 €
Volatilität steigt um 10 %	$19,1623 \cdot 0,1 \approx 1,916$ Der Wert des Calls steigt um 1,916 € auf ungefähr 8,80 €	$19,1623 \cdot 0,1 \approx 1,916$ Der Preis des Puts steigt um 1,916 € auf ungefähr 6,84 €

Rho – Die Sensitivität des Optionspreises in Abhängigkeit vom risikolosen Zinssatz

Rho P drückt die Änderungsrate des Preises der Option hinsichtlich des risikolosen Markt–zinssatzes aus. Rho ist die erste partielle Ableitung der Optionspreisfunktion nach dem stetigen Zinssatz.

Rho	Call	Put
$P = \dfrac{\partial G}{\partial r}$	$K \cdot T \cdot e^{-r \cdot T} \cdot N(d_2)$	$-K \cdot T \cdot e^{-r \cdot T} \cdot N(-d_2)$

	Call (P = 23,7003)	Put (P = –24,3391)
Zinssatz fällt um 2 %	$23,7003 \cdot (-0,02) \approx -0,474$ Der Preis des Calls fällt um 0,474 € auf ungefähr 6,41 €	$(-24,3391) \cdot (-0,02) \approx 0,487$ Der Wert des Puts steigt um 0,487 € auf ungefähr 5,41 €
Zinssatz steigt um 2 %	$23,7003 \cdot 0,02 \approx 0,474$ Der Wert des Calls steigt um 0,474 € auf ungefähr 7,35 €	$(-24,3391) \cdot 0,02 \approx -0,487$ Der Preis des Puts sinkt um 0,487 € auf ungefähr 4,43 €

Zusammenfassung Kapitel 5

Die Greeks sind linear additiv, d.h. dreifach so große Positionen haben die dreifachen Greeks, halbe Positionen die halben Greeks, ..., und kombinierte Positionen weisen die Summe der Sensitivitäten der Teilpositionen auf.

Durch die Sensitivitäten lässt sich das Risiko messen und tarieren bzw. begrenzen. Beispielsweise wird bei der Risikobegrenzung versucht, das Portfolio so gut wie möglich gegen potentielle Änderungen in den einzelnen Parametern abzusichern. Man soll also ein Portfolio so gestalten, dass seine Greeks sehr kleine Werte annehmen. Bei kontinuierlichem Absichern werden die Transaktionskosten aber sehr hoch, weshalb dauerndes Absichern in der Praxis kaum sinnvoll und oftmals nicht möglich ist. Das Delta wird von vielen Spezialisten als wichtigste Sensitivität bezeichnet. Das nachstehende Zitat soll diese Aussage untermalen, indem die Risikobeziehung zwischen Option und Aktie aufzeigt wird:

„[…] D.h. bei einem Delta von ½, dass zwei Calloptionen so riskant wie eine Aktie sind. Das Delta kann maximal 1 betragen, was bedeutet, dass der Callpreis so wie die Aktie reagiert." [3]

---

[3] Wikipedia: Black-Scholes-Modell, online im Internet: URL: http://de.wikipedia.org/wiki/Black-Scholes-Modell [Stand: 2008-02-15, 22:13].

6. Strategie an der Börse

Für meine Strategie betrachte ich die österreichische Aktiengesellschaft BWIN Interactive Entertainment (ATX). Anfallende Kosten (Transaktion, Depot etc.) berücksichtige ich nicht. Alle Grafiken und Berechnungen habe ich in meinen selbst konstruierten Programmen in Mathematica und Excel erstellt. Einige Ausschnitte der Syntax für die Berechnung des Call–und Put–Preises und der Sensitivitäten in Mathematica:

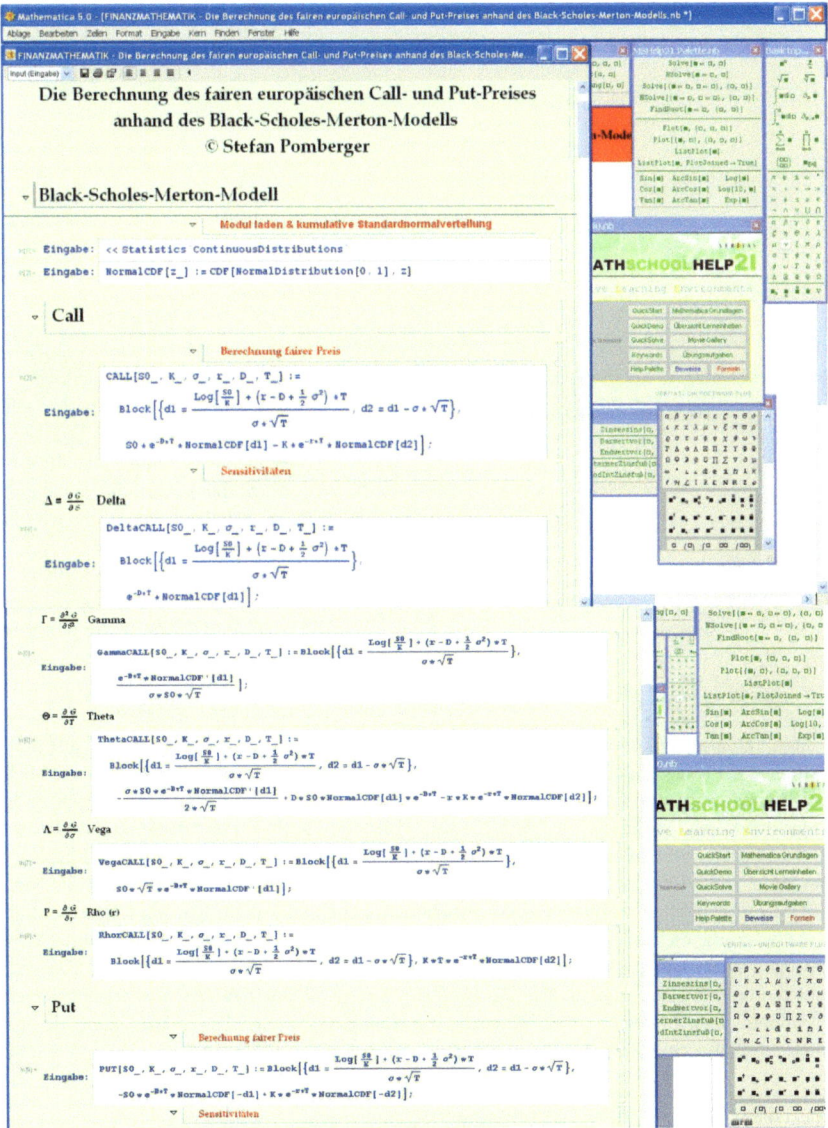

Ausschnitt aus Excel: Verwendung von Makros (Visual Basic) für die Berechnungen

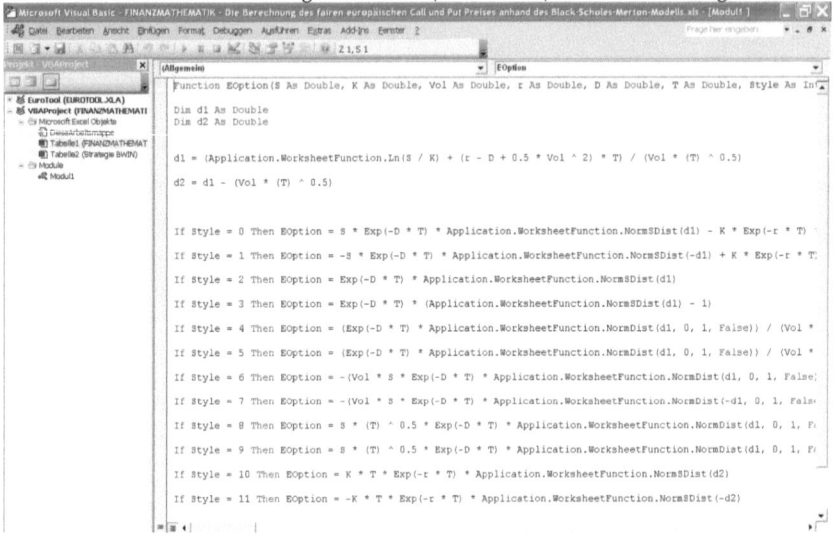

```
Function EOption(S As Double, K As Double, Vol As Double, r As Double, D As Double, T As Double, Style As Int
Dim d1 As Double
Dim d2 As Double

d1 = (Application.WorksheetFunction.Ln(S / K) + (r - D + 0.5 * Vol ^ 2) * T) / (Vol * (T) ^ 0.5)
d2 = d1 - (Vol * (T) ^ 0.5)


If Style = 0 Then EOption = S * Exp(-D * T) * Application.WorksheetFunction.NormSDist(d1) - K * Exp(-r * T)
If Style = 1 Then EOption = -S * Exp(-D * T) * Application.WorksheetFunction.NormSDist(-d1) + K * Exp(-r * T)
If Style = 2 Then EOption = Exp(-D * T) * Application.WorksheetFunction.NormSDist(d1)
If Style = 3 Then EOption = Exp(-D * T) * (Application.WorksheetFunction.NormSDist(d1) - 1)
If Style = 4 Then EOption = (Exp(-D * T) * Application.WorksheetFunction.NormDist(d1, 0, 1, False)) / (Vol *
If Style = 5 Then EOption = (Exp(-D * T) * Application.WorksheetFunction.NormDist(d1, 0, 1, False)) / (Vol *
If Style = 6 Then EOption = -(Vol * S * Exp(-D * T) * Application.WorksheetFunction.NormDist(d1, 0, 1, False)
If Style = 7 Then EOption = -(Vol * S * Exp(-D * T) * Application.WorksheetFunction.NormDist(-d1, 0, 1, Fals
If Style = 8 Then EOption = S * (T) ^ 0.5 * Exp(-D * T) * Application.WorksheetFunction.NormDist(d1, 0, 1, F
If Style = 9 Then EOption = S * (T) ^ 0.5 * Exp(-D * T) * Application.WorksheetFunction.NormDist(d1, 0, 1, F
If Style = 10 Then EOption = K * T * Exp(-r * T) * Application.WorksheetFunction.NormSDist(d2)
If Style = 11 Then EOption = -K * T * Exp(-r * T) * Application.WorksheetFunction.NormSDist(-d2)
```

Nun zur Strategie: Am 17. Februar 2006 werde ich auf folgenden Kursverlauf aufmerksam. [1]

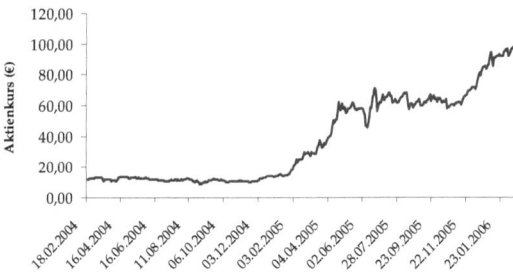

BWIN Interactive Entertainment AG

Mich interessiert zunächst die historische Volatilität der letz–ten zwei Jahre (18.02.2004–17.02.2006). Um die Volatilität zu schätzen gehe ich wie in Kapitel 4.4 vor.

Für die Standardabweichung der täglichen Renditen ergibt sich rund 3,1254 %. Im Jahr gibt es bekanntlich 250 Handelstage. Die Volatilität p.a. beträgt also $\sigma \approx 3{,}1254 \cdot \sqrt{250} \approx 49{,}42\,\%$.

Einige aktuelle Gerüchte behaupten, BWIN stecke in Schwierigkeiten, basierend auf dem aktuellen Geschäftsmodell und den Restriktionen der einzelnen EU–Regionen in Hinblick auf die Öffnung der Glücksspielmonopole. Weil ich der Meinung bin, dass umgehende „Marktrumours" stimmen, erwarte ich eine regelrechte Explosion der Aktiengesellschaft in den nächsten zwei Jahren. Ich weiß aber nicht, in welche Richtung sich der Aktienkurs bewegen wird. Ob der Kurs der Aktie in der Zukunft stark steigt oder stark fällt, wird letztlich maßgeblich auch von Gerichtsurteilen abhängen. Weil ich mit einer starken Kursänderung rechne, mir aber nicht sicher bin, in welche Richtung sich der Aktienkurs bewegen wird, kaufe ich einen Straddle. Ein Straddle setzt sich aus einem Long Call und einem Long Put zusammen. Die Ausübungspreise (und die Laufzeiten etc.) der beiden Optionen sind identisch. Der Straddle hat folgende Werte: Die Aktie steht derzeit (17.02.2006) bei S_0 = 97 €. Ich setze den Ausübungspreis at–the–money, d.h. K = 97 €. Die

---

[1] Die historischen Daten (18.02.2004-18.02.2008) habe ich aus Bloomberg entnommen.

jährliche Volatilität beläuft sich auf σ = 49,42 %. Der Straddle soll am 18.02.2008 fällig sein. Die Laufzeit ist daher T = 2 Jahre. BWIN schüttet keine Dividenden aus D = 0 %. Der Markt–zinssatz beträgt am 17.02.2006 r = 2,86 % p.a..

Mir ist es ein Anliegen meine Strategie (Kauf eines Straddles; blau) immer mit der einfachen Strategie eines Aktienerwerbs (grün) zu vergleichen.

Zuerst sehe ich mir das Auszahlungsprofil bei Fälligkeit an.

```
LongCALL[S_, K_] := Which[S <= K, 0, S > K, S -K];
LongPUT[S_, K_] := Which[S < K, K - S, S >= K, 0];|
Straddle[S_] := LongCALL[S, K] + LongPUT[S, K]
Aktie[S_] := S - K

Plot[{Straddle[S], Aktie[S]},
  {S, 0, 194}, AxesLabel -> {'Aktienkurs', 'Payoff'},
  PlotStyle -> {{Blue, Thickness[0.005]}, DarkGreen}];
```

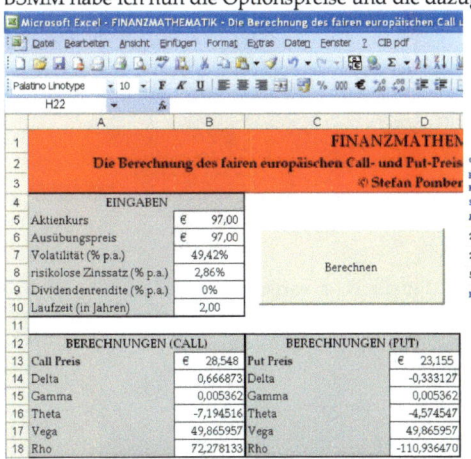

Der große Vorteil eines Straddles: Verluste werden beim Sinken des Aktienkurses 1:1 in Gewinn um–gewandelt; die Aktie weist hingegen eine negative Auszahlung auf. Im schlechtesten Fall, der eintritt, wenn sich die Aktie überhaupt nicht bewegt hat, beträgt die Auszahlung des Straddles 0. Steigt der Aktienkurs, verhält sich der Straddle wie die Aktie.

Einen Straddle bekommt man aber nicht geschenkt. Ich habe bereits erwähnt, dass er sich aus einem Long Call und einem Long Put zusammensetzt, wie man aus dem Auszahlungsprofil unschwer her–auslesen kann. Die Kosten des Straddles fügen sich aus dem Preis des Calls und aus dem Preis des Puts zusammen. Anhand des BSMM habe ich nun die Optionspreise und die dazugehörigen Sensitivitäten berechnet:

	A	B	C	D
1				FINANZMATHEN
2		Die Berechnung des fairen europäischen Call- und Put-Preis		
3				© Stefan Pomber
4		EINGABEN		
5	Aktienkurs	€ 97,00		
6	Ausübungspreis	€ 97,00		
7	Volatilität (% p.a.)	49,42%		
8	risikolose Zinssatz (% p.a.)	2,86%	Berechnen	
9	Dividendenrendite (% p.a.)	0%		
10	Laufzeit (in Jahren)	2,00		
11				
12	BERECHNUNGEN (CALL)		BERECHNUNGEN (PUT)	
13	Call Preis	€ 28,548	Put Preis	€ 23,155
14	Delta	0,666873	Delta	-0,333127
15	Gamma	0,005362	Gamma	0,005362
16	Theta	-7,194516	Theta	-4,574547
17	Vega	49,865957	Vega	49,865957
18	Rho	72,278133	Rho	-110,936470

Ein Straddle kostet demzufolge
$c + p = 28,548 + 23,155 \approx 51,70 €$.

Im Gewinnprofil bei Fälligkeit muss man die Kosten berücksichtigen:

```
c = CALL[S0, K, σ, r, 0, T]
p = PUT[S0, K, σ, r, 0, T]
KostenStraddle = c + p
Straddlegewinn[S_] := LongCALL[S, K] + LongPUT[S, K] - KostenStraddle
Aktie[S_] := S - K

28.5476
23.1549
51.7025

Plot[{Straddlegewinn[S], Aktie[S]},
  {S, 0, 194}, AxesLabel -> {'Aktienkurs', 'Gewinn'},
  PlotStyle -> {{Blue, Thickness[0.005]}, DarkGreen}]
```

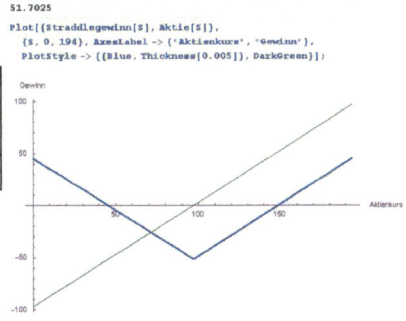

Die Gewinnzone des Straddles beginnt bei K ± Kosten des Straddles. Den höchstmöglichen Verlust erleidet man, wenn der Kurs bei Verfall bei 97 € liegt – also beim Ausübungspreis.

Unabhängig von der Strategie [ich verwende aber weiterhin die Daten von BWIN, d.h. S_0 = 97 €, K = 97 €, σ = 49,42 % p.a., r = 2,86 % p.a., D = 0 % p.a. und T = 2 Jahre] möchte ich zeigen, wie sich die Call– und Put–Preise ändern, wenn zwei Parameter variieren, wobei ich nicht auf alle Fälle eingehen werde. Anmerkung: Die Änderung der Preise, wenn ein Parameter variiert, habe ich bereits im Kapitel Bestimmungsfaktoren gezeigt.

Call–Preis für variierende S und T:

```
Plot3D[CALL[S, 97, 0.4942, 0.0286, 0, Tv], {S, 1, 150},
  {Tv, 0.0001, 10}, AxesLabel -> {'Aktienkurs', 'Zeit', 'Call Preis'}];
```

Put–Preis für variierende S und T:

```
Plot3D[PUT[S, K, σ, r, 0, Tv], {S, 1, 150}, {Tv, 0.0001, 10},
  AxesLabel -> {'Aktienkurs', 'Zeit', 'Put Preis'}];
```

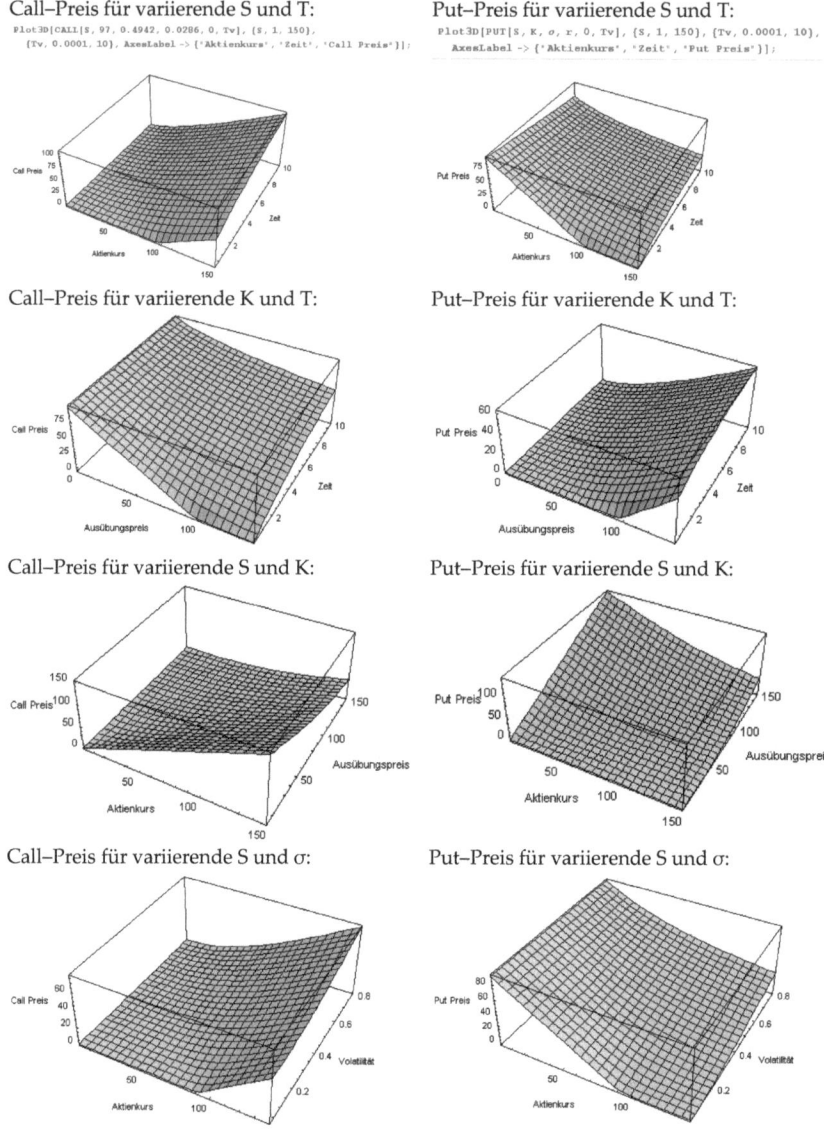

Call–Preis für variierende K und T:

Put–Preis für variierende K und T:

Call–Preis für variierende S und K:

Put–Preis für variierende S und K:

Call–Preis für variierende S und σ:

Put–Preis für variierende S und σ:

Zurück zur Strategie: Mir steht ein Investitionskapital von 20000 € zur Verfügung. Ein Straddle kostet rund 51,70 € und die Aktie selbst 97 €, d.h. ich kann mir um mein Kapital 386 Straddles leisten, aber nur 206 Aktien. Dieser Vergleich zeigt einen großen Vorteil von

Optionen, nämlich den bereits erwähnten Hebeleffekt. Meine Strategie ist nun nicht nur einen Straddle zu erwerben, sondern 386 Straddles zu kaufen.

```
StraddleInvest[S_] := 386*(LongCALL[S,K] + LongPUT[S,K])
AktieInvest[S_] := 206*(S -K)
Plot[{StraddleInvest[S], AktieInvest[S]},
  {S, 0, 194}, AxesLabel -> {"Aktienkurs", "Payoff"},
  PlotStyle -> {{Blue, Thickness[0.005]}, DarkGreen}];
```

Dieser Screenshot zeigt das Auszahlungsprofil bei Fälligkeit für 386 Straddles (blau) und 206 Aktien (grün). Man sieht nun den zweiten großen Vorteil meiner Strategie: Meine Position ist gehebelt. Aufgrund des Hebels ist meine Auszahlung, unabhängig vom zukünftigen Kurs der BWIN Aktie am 18.02.2008, stets größer als die Auszahlung aus dem Aktienportfolio. Lediglich, wenn der Kurs am 18.02.2008 beim Ausübungspreis K = 97 € liegt, ist die Auszahlung gleich, nämlich 0 €.

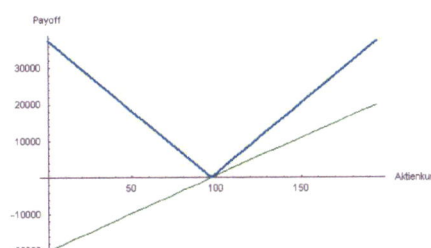

Die Grafik rechts stellt das Gewinnprofil bei Fälligkeit dar.
Spätestens jetzt bemerkt man, dass meine Strategie zwar eine ungemein hohe Auszahlung aufweist, aber letztlich hoch spekulativ ist.
Eine „Was wäre wenn?" Tabelle soll mein spekulatives Geschäft verdeutlichen.
Sie vergleicht mein Portfolio (386 Straddles) mit dem

```
GewinnStraddleInvest[S_] := 386*(LongCALL[S,K] + LongPUT[S,K]) - 19956.2
AktieInvest[S_] := 206*(S -K)
Plot[{GewinnStraddleInvest[S], AktieInvest[S]},
  {S, 0, 194}, AxesLabel -> {"Aktienkurs", "Gewinn"},
  PlotStyle -> {{Blue, Thickness[0.005]}, DarkGreen}];
```

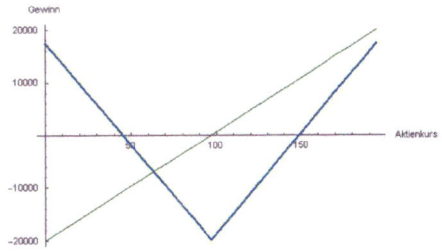

Aktienportfolio (206 Aktien) und zeigt den Gewinn beziehungsweise Verlust.

Kurs am 18.02.2008 bei …	25 €	70 €	97 €	129 €	180 €
Meine Strategie	+ 7835,8 €	– 9534,2 €	– 19956,2 €	– 7604,2 €	12081,8 €
Aktienportfolio	– 14832,0 €	– 5562,0 €	0,0 €	6592,0 €	17098,0 €

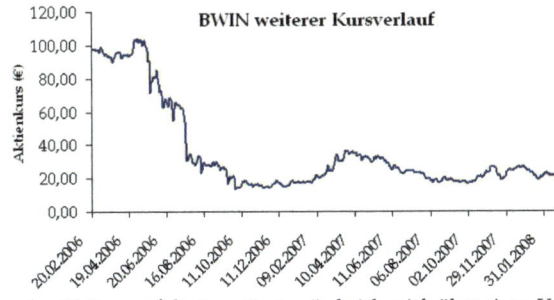

Zum Fälligkeitszeitpunkt am 18.02.2008 beträgt der Aktienkurs 21 €.
Meine Vermutung einer regelrechten Explosion war also goldrichtig!
Summa summarum konnte ich mit meiner Strategie einen sensationellen Gewinn von 9379,8 € erwirtschaften!!
Zum Vergleich: Hätte ich in das Aktienportfolio investiert, würde ich mich über einen Verlust von 15656 € ärgern.

7. Kritikpunkte des Black–Scholes–Merton–Modells und ein Beispiel eines großen Verlustes bei einem Derivatgeschäft [1]

Das Bewertungsverfahren hätte nicht auch das Wort „Modell" im Namen, wenn es ganz exakt den Markt beschreiben würde. Der reale Markt kann nicht mathematisch berechnet werden, weshalb man ihn idealisiert. Diese Idealisierung führt logischerweise zu Abweichungen von der Realität und somit zu Fehlern.

Ich möchte nun einige kritische Fragen zum BSMM anführen, die das Modell sozusagen in Frage stellen, wobei ich sogleich vorweg nehmen will, dass trotz der durchaus berechtigten Kritik das BSMM aus der Finanzwelt nicht mehr wegzudenken ist, da es keine bessere, effektivere, gerechtere und zugleich einfachere Methode zur Berechnung des fairen Preises einer Option gibt.

→ Können Veränderungen des Aktienpreises überhaupt durch eine stochastische Differentialgleichung beschrieben werden?

→ Wer kann verifizieren, dass die Aktienrenditen normalverteilt sind und der Aktienkurs zu einem zukünftigen Zeitpunkt eine Lognormalverteilung besitzt?

→ Warum impliziert das Modell keine Kosten (Steuer, Transaktion, Depot, Information,…)?

→ Die Volatilität, der Zinssatz und die Dividendenrendite ändern sich ständig. Warum berücksichtigt man eine derart wichtige Tatsache im Modell nicht?

→ An welcher Börse werden Wertpapiere stetig gehandelt?

→ Seit wann sind Wertpapiere ohne Einschränkung teilbar?

→ Ist das Prinzip der risikoneutralen Bewertung überhaupt vertretbar?

…

Derivate gehören zweifelsohne zu den mächtigsten und wichtigsten Finanzinstrumenten. Genau in diesem Punkt liegt die Gefahr, denn wer es wagt ihre Auswirkungen zu unterschätzen und spekulative Derivatgeschäfte betreibt, läuft speziell bei ungedeckten Positionen Gefahr grenzenlose Verluste zu erleiden. Ein Beispiel stellt die Barings Bank dar: „Diese 200 Jahre alte britische Bank wurde 1995 durch die Aktivitäten ihres Mitarbeiters in Singapur, Nick Leeson, ausgelöscht. Dessen Aufgabengebiet waren eigentlich Arbitragegeschäfte zwischen den Nikkei–225 Futures–Notierungen in Singapur und Osaka. Stattdessen wettete er mit Futures und Optionen erhebliche Beträge auf die zukünftige Entwicklung des Nikkei–225. Der Gesamtverlust betrug fast 1 Milliarde $." [2]

Meiner Meinung nach soll man Derivatgeschäften aber keineswegs abgeneigt gegenüberstehen. Insbesondere Optionen machen ungemein viele erfolgreiche Strategien möglich, da durch die Kombination von Calls und Puts jedes beliebige Auszahlungsprofil erstellt werden kann. Die Bedingung ist allerdings, dass man Derivate richtig gebraucht, indem man bestimmte Maßnahmen (klare Festsetzung von Risikolimits, Einhaltung der Grenzen, Schutz vor Gier etc.) zur Absicherung setzt.

Zum Abschluss meiner wissenschaftlichen Arbeit möchte ich erneut aus der Nobelvorlesung zitieren, in der Myron Scholes einen Ausblick über die zukünftige Bedeutung von Derivaten gibt:

---

[1] vergleiche: Wikipedia: Black-Scholes-Modell, online im Internet: URL: http://de.wikipedia.org/wiki/Black-Scholes-Modell [Stand: 2008-02-15, 22:13].

[2] Hull, John C.: Optionen, Futures und andere Derivate. a.a.O., S. 870.

„The future will be a continuation of the present. Financial innovation will continue at the same or at even an accelerating pace because of the insatiable demand for lower–cost, more efficient solutions to client problems. Information and financial technology will continue to expand and so will the circle of understanding of how to use this technology. There is value to investing in education. Financial service firms will expand the use of this technology to manage their own activities. Otherwise, they will have to face mergers with other financial service entities. Although some would like to see derivatives wither in importance, they will not, for they have become essential mechanisms in the tool kit of financial innovation." [3]

---

[3] Scholes, Myron S.: Derivatives in a dynamic environment. a.a.O., S. 146.

Anhang

Literaturverzeichnis

Bosch, Karl: Elementare Einführung in die Wahrscheinlichkeitsrechnung. Mit 82 Beispielen und 73 Übungsaufgaben mit vollständigem Lösungsweg, Wiesbaden: Vieweg ^{9}2006.

Hull, John C.: Optionen, Futures und andere Derivate. Wirtschaft, München: Pearson Studium ^{6}2006.

Irle, Albrecht: Finanzmathematik. Die Bewertung von Derivaten, Wiesbaden: Teubner ^{2}2003.

Kremer, Jürgen: Einführung in die Diskrete Finanzmathematik. Heidelberg: Springer 2006.

Müller–Möhl, Ernst: Optionen und Futures. Grundlagen und Strategien für das Termingeschäft in der Schweiz, Deutschland und Österreich, Stuttgart: Schäffer–Poeschel ^{3}1995.

Rommelfanger, Heinrich: Mathematik für Wirtschaftswissenschaftler. Band 3, Differenzengleichungen, Differentialgleichungen, Wahrscheinlichkeitstheorie, Stochastische Prozesse, München: Spektrum 2006.

Uszczapowski, Igor: Optionen und Futures verstehen. Grundlagen und neuere Entwicklungen, München: Deutscher Taschenbuch Verlag ^{5}2005.

Zimmermann, Heinz: Preisbildung und Risikoanalyse von Aktienoptionen. Schweizerisches Institut für Außenwirtschafts–, Struktur– und Regionalforschung an der Hochschule St. Gallen, Grüsch: Rüegger 1988.

Skripten aus dem Internet

Dörner, Jan–Hendrik: Black–Scholes Interactive, online im Internet: URL: http://www.wiwi.uni-frankfurt.de/~doerner/kap1.pdf [Stand: 2007–11–01, 22:00].

Dörner, Jan–Hendrik: Black–Scholes Interactive, online im Internet: URL: http://www.wiwi.uni-frankfurt.de/~doerner/kap4.pdf [Stand: 2008–02–15, 22:11].

Franke, Jürgen; Härdle, Wolfgang; Hafner, Christian: Einführung in die Statistik der Finanzmärkte, online im Internet: URL: http://www.quantlet.com/mdstat/scripts/sfm/pdf/sfm.pdf [Stand: 2008–01–13, 21:18].

Fulmek, Markus: Seminar Finanzmathematik. Bewertung derivativer Finanzinstrumente, online im Internet: URL: http://www.mat.univie.ac.at/~mfulmek/documents/ss03/skriptum2003.pdf [Stand: 2007–09–11, 23:00], Wien: 2003.

Hauser, Michael; Leydold, Josef: Finanzmathematik & Quantitative Finance. Derivate Kapitel 9, online im Internet: URL: http://statistik.wu-wien.ac.at/LV/PIWahlfach_StatFM/Unterlagen_StochMeth/9-derivative-handout.pdf [Stand: 2007–12–04, 23:13], Wien: Statistik WU Wien 2003.

Rank, Jörn: Econophysics. Vorlesungsreihe im Rahmen der IX. Heidelberger Graduiertenkurse Physik an der Universität Heidelberg, Vorlesung 2: Stochastische Prozesse und Black–Scholes Gleichung, online im Internet: URL: http://www.d-fine.biz/deutsch/Bibliothek/Vorlesungen/vl_jra_stoch_BS.pdf [Stand: 2008–01–10, 16:00], Heidelberg: 2002.

Rank, Jörn: Stochastische Prozesse in der Finanzmathematik. Die Black–Scholes Gleichung, Vorlesung 4 an der Johann Wolfgang Goethe–Universität, online im Internet: URL: http://www.d-fine.biz/deutsch/Bibliothek/Vorlesungen/vl_jra_stoch_4.pdf [Stand: 2007–11–10, 18:00], Frankfurt am Main: 2000.

Scholes, Myron S.: Derivatives in a dynamic environment. Nobel Lecture, December 9, 1997, online im Internet: URL: http://nobelprize.org/nobel_prizes/economics/laureates/1997/scholes-lecture.pdf [Stand: 2008–01–26, 23:14].

Internetquellen

BWCLUB: Börse, online im Internet: URL: http://www.bwclub.de/lexikon/b/boerse.htm [Stand: 2007–09–18, 18:00].

Trading Glossary: Capital asset pricing model, online im Internet: URL: http://www.trading-glossary.com/c0039.asp [Stand: 2008–01–30, 10:43].

Wiener Börse AG & Interactive Data: Equity Market.AT, Böhler–Uddeholm AG, online im Internet: URL: http://www.wienerborse.at/stocks/atx [Stand: 2007–11–03, 17:18].

Wikipedia: Black–Scholes–Modell, online im Internet: URL: http://de.wikipedia.org/wiki/Black-Scholes-Modell [Stand: 2008–02–15, 22:13].

Wikipedia: Börse, OTC–Handel, online im Internet: URL: http://de.wikipedia.org/wiki/B%C3%B6rse, http://de.wikipedia.org/wiki/Over-the-counter [Stand: 2007–09–18, 18:15].

Wikipedia: Stochastischer Prozess, online im Internet: URL: http://de.wikipedia.org/wiki/Stochastischer_Prozess [Stand: 2008–01–01, 22:15].

Wirtschaftslexikon: Put–Call–Parität, online im Internet: URL: http://www.wirtschaftslexikon24.net/d/put-call-paritaet/put-call-paritaet.htm [Stand: 2007–12–03, 21:00].

Der Anlagezyklus: Zwischen Angst und Gier [1]

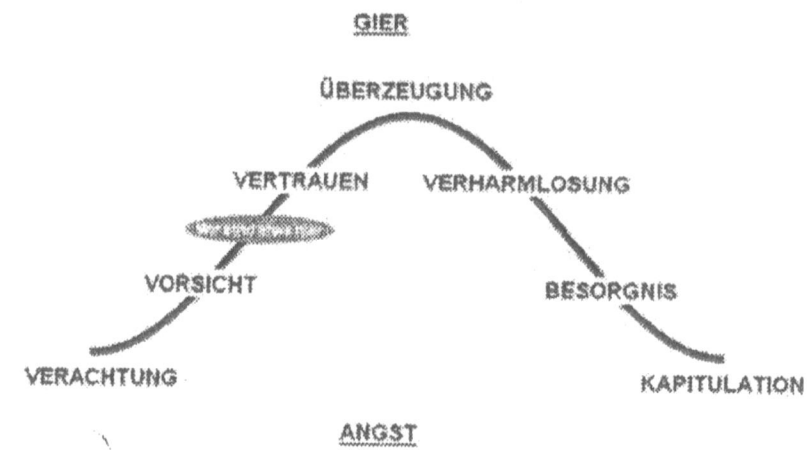

Der Anlagezyklus: Zwischen Angst und Gier

GIER

ÜBERZEUGUNG

VERTRAUEN   VERHARMLOSUNG

VORSICHT   BESORGNIS

VERACHTUNG   KAPITULATION

ANGST

Kumulierte Normalverteilungsfunktion [2]

Bei der „händischen Berechnung" des fairen europäischen Call- und Put–Preises besteht das einzige Problem in der Kalkulation der kumulierten Normalverteilungsfunktion N. Eine Lösung bietet sich in der Heranziehung von Tabellen für N(x) an, aber ich bevorzuge die Approximation durch Polynome. Diese Methode liefert eine Genauigkeit von 6 Stellen nach dem Komma:

$$N(x) = \begin{cases} 1 - N'(x) \cdot \left(a \cdot k + b \cdot k^2 + c \cdot k^3 + d \cdot k^4 + e \cdot k^5\right) & \text{falls } x \geq 0 \\ 1 - N(-x) & \text{falls } x < 0 \end{cases}$$

wobei

---

[1] An einem Arbeitstag (im Juli bei der Deutschen Bank) lag dieser interessante „Anlagezyklus" plötzlich auf meinem Tisch. Trotz zahlreicher Recherchen ist es mir leider nicht gelungen den Urheber ausfindig zu machen.

[2] vergleiche: Hull, John C.: Optionen, Futures und andere Derivate. a.a.O., S. 364.

$$k = \frac{1}{1 + \alpha \cdot x} \quad ; \quad \alpha = 0,2316419$$

$a = 0,319381530 \quad ; \quad b = -0,356563782 \quad ; \quad c = 1,781477937 \quad ; \quad d = -1,821255978 \quad ;$

$e = 1,330274429$

$$N'(x) = \frac{1}{\sqrt{2 \cdot \pi}} \cdot e^{-\frac{x^2}{2}}$$

Beispiel: Berechne den Call– und Put–Preis für S_0 = 100 €, K = 94 €, σ = 28 % p.a., r = 3 % p.a., D = 1,5 % p.a. und T = 0,5 Jahre!

$$d_1 = \frac{\ln\left(\frac{100}{94}\right) + \left(0,03 - 0,015 + \frac{0,28^2}{2}\right) \cdot 0,5}{0,28 \cdot \sqrt{0,5}} \approx 0,449393652$$

$$d_2 = d_1 - 0,28 \cdot \sqrt{0,5} \approx 0,251403754$$

Call–Preis:

$$c = 100 \cdot e^{-0,015 \cdot 0,5} \cdot N(0,449393652) - 94 \cdot e^{-0,03 \cdot 0,5} \cdot N(0,251403754)$$

$N(0,449393652)$:

$$k = \frac{1}{1 + \alpha \cdot 0,449393652} = 0,905716375 \quad ; \quad N'(0,449393652) = \frac{1}{\sqrt{2 \cdot \pi}} \cdot e^{-\frac{0,449393652^2}{2}} = 0,360625282$$

$N(0,449393652) = 1 - 0,360625282 \cdot 0,905576764 \approx 0,673426124$

$N(0,251403754)$:

$$k = \frac{1}{1 + \alpha \cdot 0,251403754} = 0,944969116 \quad ; \quad N'(0,251403754) = \frac{1}{\sqrt{2 \cdot \pi}} \cdot e^{-\frac{0,251403754^2}{2}} = 0,386532063$$

$N(0,251403754) = 1 - 0,386532063 \cdot 1,036786009 \approx 0,599248965$

$$c = 100 \cdot e^{-0,015 \cdot 0,5} \cdot 0,673426124 - 94 \cdot e^{-0,03 \cdot 0,5} \cdot 0,599248965 \approx 11,348665$$

Der Call–Preis beträgt rund 11,35 €.

Put–Preis:

$$p = -100 \cdot e^{-0,015 \cdot 0,5} \cdot N(-0,449393652) + 94 \cdot e^{-0,03 \cdot 0,5} \cdot N(-0,251403754)$$

$N(-0,449393652) = 0,326573876 \qquad N(-0,251403754) = 0,400751035$

$$p = -100 \cdot e^{-0,015 \cdot 0,5} \cdot 0,326573876 + 94 \cdot e^{-0,03 \cdot 0,5} \cdot 0,400751035 \approx 4,696382$$

Der Put kostet etwa 4,70 €.

Monte–Carlo–Methode

Bekanntermaßen berechnet das Black–Scholes–Merton–Modell den exakten Preis einer europäischen Option. Der Optionspreis kann aber auch approximativ durch die Anwendung der Monte–Carlo–Methode bestimmt werden. Nun wird man sich berechtigterweise fragen: Ist es sinnvoll für die Bewertung von Optionen eine Approximation heranzuziehen, wenn ohnehin ein genaues Verfahren existiert?

Für die Berechnung europäischer Optionen wird man grundsätzlich immer das Black–Scholes–Merton–Modell anwenden. Betonen möchte ich das Wort „europäisch", denn das Modell ist nur für diesen Optionstyp gültig. Um alle anderen Typen (exotische Optionen etc.) ebenfalls bewerten zu können verwendet man die Monte–Carlo–Methode (Näherungsverfahren – es gibt derzeit noch kein analytisches Verfahren).

Die Funktionsweise der Monte–Carlo–Methode:
→ Modellierung des Aktienkurses (durch geometrische Brownsche Bewegung; rekursive Darstellung; Tagessimulation):

$$S_{i+1} = S_i \cdot e^{\mu \cdot dt + \sigma \cdot dz} = S_i \cdot e^{\mu \cdot dt + \sigma \cdot \sqrt{dt} \cdot \varepsilon} \quad [\text{zufälliges } \varepsilon \text{ aus N(0;1)}];$$

→ Berechnung des jeweiligen Payoffs (Auszahlung) der Option
Beispiel europäischer Call: $\max(S_T^* - K, 0)$, wobei S_T^* der simulierte Aktienpreis zum Endzeitpunkt T ist;
→ Payoff wird diskontiert;
→ Aus den n (Anzahl der Simulationen; hohe Anzahl führt zu einer besseren Approximation) simulierten Werten des diskontierten Payoffs bildet man das arithmetische Mittel → näherungsweise Preis der Option;
Zusammenfassung des Prinzips: Berechnung des abgezinsten Erwartungswertes des Payoffs einer Option mittels Kurssimulationen.

Anhand eines Beispiels will ich die Funktionsweise der Monte–Carlo–Methode (MCM) in meinem selbst entwickelten Programm in Mathematica zeigen.
Berechne den fairen europäischen Call– und Put–Preis durch die Anwendung der MCM!

$S_0 = 50\,€$	$K = 50\,€$	$r = 4\,\%$ p.a.	$\sigma = 1{,}7\,\%$ p.d.	$T = 250$ Tage	Zeitschritt =
		(0,016 % p.d.)		(1 Jahr)	1 Tag

$\mu = 0{,}016\,\%$ p.d. (großer Nachteil der MCM: μ muss geschätzt werden; ich empfehle für eine ausreichend gute Simulation den risikoneutralen Bewertungsgrundsatz, d.h. $\mu = r$)

Zum Vergleich sei der exakte Preis des Black–Scholes–Merton–Modells genannt:
$c = 6{,}28\,€$; $p = 4{,}32\,€$

```
Aktienkurs[S0_, μ_, σ_, dt_, T_] := Module[{}, nl = NormalDistribution[0, 1];

stefan = Table[Random[nl], {T}]; S[1] = S0;

Do[S[i + 1] = S[i] * e^(μdt+σ*√dt *stefan[[i]]), {i, 1, T-1}];

Siml = Array[S, T]]

A1 = Aktienkurs[50, 0.00016, 0.017, 1, 250];
A2 = Aktienkurs[50, 0.00016, 0.017, 1, 250];
A3 = Aktienkurs[50, 0.00016, 0.017, 1, 250];
```

Modellierung dreier zufälliger Aktienkurse aus den obigen Daten

```
pl1 = ListPlot[A1, PlotStyle -> {Red}, PlotJoined -> True,
   PlotRange -> {{0, 250}, {0, 100}}, AxesLabel -> {"Zeit (in Tagen)", "Aktienkurs"}];
pl2 = ListPlot[A2, PlotStyle -> {Green}, PlotJoined -> True,
   PlotRange -> {{0, 250}, {0, 100}}, AxesLabel -> {"Zeit (in Tagen)", "Aktienkurs"}];
pl3 = ListPlot[A3, PlotStyle -> {Orange}, PlotJoined -> True,
   PlotRange -> {{0, 250}, {0, 100}}, AxesLabel -> {"Zeit (in Tagen)", "Aktienkurs"}];
Show[pl1, pl2, pl3, PlotRange -> {{0, 250}, {0, 100}}];
```

Call–Preis für 10 Simulationen:

```
SimCalltable[K_, S0_, r_, σ_, μ_, T_, n_] := Module[{}, ndist = NormalDistribution[0, 1];


schleiferl[j_] := Module[{}, z = Table[Random[ndist], {T}];
S[1] = S0; Do[S[i + 1] = S[i] * e^(μ+σ*z[[i]]), {i, 1, T - 1}]; Simul = Array[S, T];
```

Eingabe:

```
Preis_j = e^(-r*T Length[Simul]) * Max[Last[Simul] - K, 0]; Print["Preis = ", Preis_j];];
Do[schleiferl[j], {j, 1, n}];

Erwartungsw = 1/n * Sum[Preis_j, {j=1,n}]; Print["Simulierter Call-Preis: ", Erwartungsw]

];
```

Eingabe: `SimCalltable[50, 50, 0.04, 0.017, 0.00016, 250, 10]`

```
Preis = 21.4406

Preis = 9.42969

Preis = 0

Preis = 0

Preis = 0

Preis = 0

Preis = 12.9283

Preis = 0

Preis = 7.03732

Preis = 7.91639

Simulierter Call-Preis: 5.87523
```

Call–Preis für 3000 Simulationen:

```
SimCall[K_, S0_, r_, σ_, μ_, dt_, T_, n_] := Module[{}, ndist = NormalDistribution[0, 1];


    schleiferl[j_] := Module[{}, z = Table[Random[ndist], {T}];
    S[1] = S0; Do[S[i + 1] = S[i] * e^(μ*dt+σ*√dt *z[[i]]), {i, 1, T - 1}]; Simul = Array[S, T];
```

Eingabe:

```
    Preis_j = e^(-r*T Length[Simul]/T) * Max[Last[Simul] - K, 0]];
    Do[schleiferl[j], {j, 1, n}];


    Erwartungsw = 1/n * Σ_{j=1}^{n} Preis_j; Print["Simulierter Call-Preis: ", Erwartungsw]

    ];
```

Eingabe: `SimCall[50, 50, 0.04, 0.017, 0.00016, 1, 250, 3000]`

Simulierter Call-Preis: 7.17446

Put–Preis für 10 Simulationen:

```
SimPuttable[K_, S0_, r_, σ_, μ_, T_, n_] := Module[{}, ndist = NormalDistribution[0, 1];


    schleiferl[j_] := Module[{}, z = Table[Random[ndist], {T}];
    S[1] = S0; Do[S[i + 1] = S[i] * e^(μ+σ*z[[i]]), {i, 1, T - 1}]; Simul = Array[S, T];
```

Eingabe:

```
    Preis_j = e^(-r*T Length[Simul]/T) * Max[K - Last[Simul], 0]; Print["Preis = ", Preis_j];];
    Do[schleiferl[j], {j, 1, n}];

    Erwartungsw = 1/n * Σ_{j=1}^{n} Preis_j; Print["Simulierter Preis des Puts: ", Erwartungsw]

    ];
```

Eingabe: `SimPuttable[50, 50, 0.04, 0.017, 0.00016, 250, 10]`

Preis = 0

Preis = 25.4154

Preis = 0

Preis = 12.4678

Preis = 0.639125

Preis = 1.35943

Preis = 6.13503

Preis = 0

Preis = 0

Preis = 0

Simulierter Preis des Puts: 4.60168

Put–Preis für 3000 Simulationen:

Eingabe: `SimPut[50, 50, 0.04, 0.017, 0.00016, 1, 250, 3000]`

Simulierter Put-Preis: 3.67014